Harmke Horst

Arbeitsbuch Mantrailing

75 spannende und effektive Übungstrails

Konrad-Zuse-Straße 3,
D-54552 Nerdlen / Daun
Telefon: 06592 957389-0
www.kynos-verlag.de

2. Auflage 2024

Grafik & Layout: Kynos Verlag

ISBN 978-3-95464-275-5

Gedruckt in Lettland

Bildnachweis:
Alle Fotos Harmke Horst außer:
S. 7, S. 184: Susi Krug;
Grafiken von Nicole Hilgers unter Verwendung von Grafiken von AlexZel-stock.adobe.com

KYNOS STIFTUNG

Mit dem Kauf dieses Buches unterstützen Sie die
Kynos Stiftung Hunde helfen Menschen
www.kynos-stiftung.de

Inhaltsverzeichnis

Generelle Trailübungen ohne Fokus auf einen Teilbereich (Start/Mitte/Ende) 128

Anhang 181

Vorwort

Seit vielen Jahren lässt mich die Faszination Mantrailing nicht mehr los. Was die Hundenase alles wahrzunehmen imstande ist, ist einfach unglaublich. Vermutlich können wir dabei gar nicht erfassen, was sie noch alles kann.

An dieser Stelle möchte ich meinen beiden Mantrailern Tick und Esra ein großes Dankeschön aussprechen, denn die zwei sind meine großen Lehrmeister. Sie haben mich immer wieder mit Neuheiten überrascht, die beim Trailen möglich sind, von denen ich bis dato nichts geahnt hatte.
Genauso haben mir die vielen Trailteams, die ich in den letzten Jahren begleiten durfte, gezeigt, was Mantrailing für die Hund-Mensch-Beziehung tun kann. Die Freude am Ende eines Trails und das Strahlen in den Augen aller Beteiligten ist einfach unbezahlbar.
Viele Ideen zum Trailen sind in dieser Zeit entstanden. Mit dem Arbeitsbuch habe ich diese kompakt zu Papier gebracht. Es handelt von neuen Herausforderungen am Start, unterwegs und am Ende des Trails. Dazu bieten die Aufgaben immer noch weitere Variationen.

Nun wünsche ich euch viel Freude mit diesem Buch. Lasst euch gleichfalls von euren Vierbeinern überraschen, was beim Mantrailing alles möglich ist.

Eure
Harmke Horst

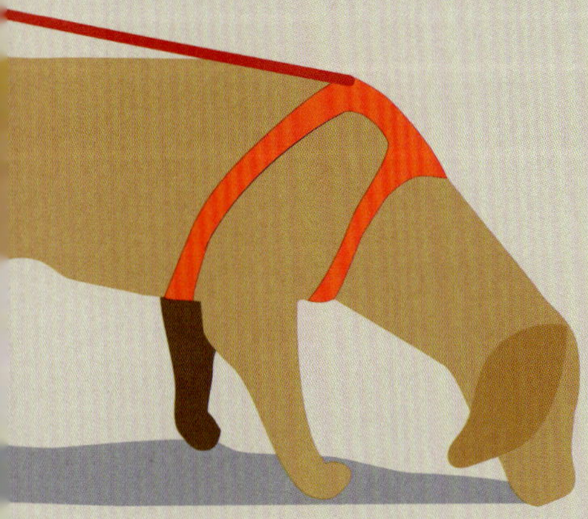

Einführung: Wie arbeitest du mit dem Buch?

Einige Übungen kannst du spontan an jedem Ort durchführen, bei anderen bedarf es eines besonderen Ortes und ein paar Materialen. Dies kannst du direkt auf den ersten Blick der jeweiligen Übungen erkennen.

Grundsätzliches

Es ist nicht notwendig, die Übungen von vorne nach hinten zu trainieren. Ihr könnt euch stattdessen immer das heraussuchen, was gerade am besten zum Trainingsstand eures Teams passt, was die Umgebung hergibt oder einfach das Thema, auf das ihr gerade am meisten Lust habt. Wenn es sinnvoll ist, eine Übung vorab absolviert zu haben, ist dies angegeben.
Für die Übungen sollte das Trailteam (Hund und Hundeführer) in ausreichender Fitness-Kondition sein und bereits ein paar Trails absolviert haben.
Wenn der Fokus der Aufgabe nicht auf dem Geruchsartikel liegt, wird einfach der Geruchsartikel so verwendet, wie man es auch sonst im Training macht.
Am Ende des Trails wird der Hund bei der Versteckperson (VP) wie sonst auch belohnt. Dies wird nicht in jeder Übung erneut erwähnt.
Bei den Trailübungen geht es nicht um Höher – Schneller – Weiter, sondern um den Fokus auf bestimmte Herausforderungen. Deshalb ist dieses Arbeitsbuch in vier Abschnitte aufgeteilt. Im ersten geht es um Aufgaben rund um den Start, während der zweite Abschnitt sich mit dem Mittelteil des Trails beschäftigt. Im dritten Abschnitt ist eine Aufgabe zu lösen, die das Ende des Trails betrifft. Der vierte Abschnitt hat keine der drei Teile direkt als Schwerpunkt.
Wenn ihr etwas Neues trainiert, ist es immer sinnvoll, den Trail nicht zu lang zu gestalten, damit Hund und Mensch konzentriert bleiben.
Beim Mantrailing kann man in unterschiedlichen Modi trainieren – Dogtrail, single blind und double blind / doppelblind.

Dogtrail: Alle außer dem Hund kennen den genauen Übungsablauf, das damit verbundene Trainingsziel und den Trailverlauf. Dies dient häufig dazu, ein besonderes Augenmerk auf die Körpersprache von Hund und Mensch zu haben.

Single blind: Das Trailteam kennt zwar das Trainingsziel, aber nicht den Trainingsverlauf. Der Trainer / Flanker begleitet und unterstützt das Team, damit es nicht zu weit vom Trailverlauf abweicht.

Doppelblind: Keiner, außer der Versteckperson, kennt den Trailverlauf. Im Anschluss kann der Trailverlauf durch die VP aufgezeigt werden und mit dem gelaufenen Trail verglichen werden.

Man kann mit einer Gruppe in einer Trainingseinheit den gleichen Schwerpunkt trainieren oder durch die oft angegebenen Variationen der Übungen je nach Trainingsstand sowohl den Trail als auch die Aufgabe variieren.
Grundsätzlich gilt, dass man auf einem Trail nur eine neue Sache trainieren sollte. Gerade bei fortgeschrittenen Teams oder Einsatzteams könnt ihr aber selbstverständlich mehrere Schwerpunkte in einen Trail verpacken oder den Trail um einiges länger als die notwenige angegebenen Länge legen.

Bevor wir loslegen, hier noch ein Überblick über die Fachbegriffe, die in diesem Buch vorkommen und was damit gemeint ist.

Begriffe

Personen

Trailteam: Das Hunde-Mensch-Team, welches den Trail sucht.

Trainer / Flanker: Die Person, die das Hund Mensch Team trainiert. Außer beim Doppelblind bringt (oder schickt) der Trainer / Flanker die Versteckperson immer in ihr Versteck, damit er den genauen Trailverlauf kennt.

Hundeführer (HF): Die Person, die gemeinsam mit dem Hund den Trail arbeitet (sucht).

Versteckperson (VP): Auch Runner oder Opfer genannt ist die Person, die den Trail legt und im Versteck vom Hund identifiziert werden soll. Die Abkürzung VP wird sowohl für die Versteckperson als auch für „Vermisste Person" verwendet.

Verleitperson (VL): Personen, die nicht den Individualgeruch auf den Geruchsartikel geben, sondern bewusst eingesetzt werden, damit der Hund lernt, auch aus mehreren Personen die richtige (passend zum Geruchsartikel) zu identifizieren.

Helfer: Jemand, der z.B. auf einen festen Geruchsartikel achten soll, damit dieser nicht von Dritten kontaminiert wird, während der Trainer die Versteckperson ins Versteck bringt.

Fachbegriffe

Mantrailing: Ist kurz gesagt die Suche nach einer bestimmten vermissten Person (VP) durch ein Hund-Mensch-Team. Der Hund erhält am Start einen sogenannten Geruchsartikel der VP, der ihren Individualgeruch trägt. Anhand dieses einmaligen Geruches verfolgt der Hund die frischeste Spur, also die als letztes gegangene Spur der VP vom Startpunkt weg bis ans Ende der Spur.

Individualgeruch: Der einmalige Geruch desjenigen Menschen, nach dem der Hund sucht. Zu vergleichen mit der Einmaligkeit eines Fingerabdruckes.

Geruchsartikel (GA): Dieser trägt den Individualgeruch der zu suchenden Person.

Kontamination: Verunreinigung des Geruchsartikels durch weitere Individualgerüche oder andere Verschmutzung, z.B. durch Waschmittel, Öl etc.

Spur / Trail(verlauf): Bezeichnet den Weg, den die vermisste Person – im Training die Versteckperson – gelaufen ist. Im Verlauf wird diese Spur geruchstechnisch immer frischer. Kurz gesagt: frisch – frischer – am frischesten.

Geruchsband: Das ist dort, wo der Individualgeruch der VP am stärksten liegt. Im Gegensatz zum Fährten muss das nicht mit dem gelaufenen Weg übereinstimmen, sondern der Trail kann z.B. durch den Wind an andere Stellen verweht worden sein.

Ghost Trail: Der Hund verfolgt augenscheinlich eine Spur, obwohl gar keine Spur zum gereichten Geruchsartikel vorhanden ist.

Backtrail: Auch „Hin und Weg“ genannt. Die Versteckperson geht in einen Weg hinein und auf dem gleichen Weg wieder raus (Stichwort: Sackgasse).

Geruchspool: Wenn die VP an einer Stelle länge verweilt, kommt es dort zu einer Geruchsanhäufung. Dies kann am Start (Startpool), unterwegs auf dem Trail (Unterwegspool) oder am Ende (Endpool) sein. Wenn der Trail so kurz ist, dass sich der Start und Endpool überschneiden, wird dies als Start End Pool bezeichnet.

Untergrundflächen, die auf dem Trailverlauf (Outdoor) vorkommen:
Grün=Grünfläche
Grau=Asphalt

Splitting: Es gibt zwei Arten von Splitting.

Spur-Splitting: Es gibt mehr als eine Spur der VP. Immer dann, wenn es nicht mehr der gleiche Weg der VP ist, trennen (splitten) sich die Spuren der VP und der Hund muss bei der Suche die frischeste Spur der VP finden und diese verfolgen.

Personen-Splitting: VP und VL gehen erst den gleichen Weg und trennen (splitten) sich an einer Kreuzung. Beispielweise geht die VL an einer T-Kreuzung rechts ab und die VP links ab. Hier muss der Hund der VP nach links und nicht der VL nach rechts folgen.

Differenzierung: Der Hund muss am Ende des Trails aus mehreren Personen (beispielsweise VL, VP, VL) die Person identifizieren (VP), von der er den Geruchsartikel bekommen hat.

Trainingsbegriffe:
Anriechen: Zuerst riecht der Hund am Geruchsartikel an und erhält dann das Startkommando von seinem Hundeführer.

Scannen von Personen, die nicht die VP sind: Der Hund gleicht ab, ob die VL eine VL ist oder die VP. Sprich, er überprüft, welche Person zum Geruchsartikel von den Personen passt, die alle am Ende steht.

Auslegen der VP: Heißt, die VP den Trailverlauf gehen lassen.

Drücken / Schieben: Passiert immer dann, wenn man nicht dem Hund die Richtungsentscheidung überlässt, sondern ihn in eine bestimmte Richtung hineinschiebt.

Richtungswechsel – Abbiegungen – Entscheidungen:
Entscheidungen (Abbiegungen), die rechts oder links abgehen, sind Richtungswechsel. Geradeaus ist auch eine Entscheidung, aber ohne Richtungswechsel, denn der Trailverlauf ändert nicht die Richtung.

Leinenhandling: Je nach Trainingsphilosophie wird das Leinenhandling unterschiedlich gehandhabt. Deshalb wird es bei den Übungen nur dann erwähnt, wenn man besonders auf die Leine achten sollte.

Spezielle Übungen im Startbereich

1. Vergiss mich (nicht)

Schwierigkeitsgrad:
● ○ ○

Vorbereitungen:
Behälter mit den Utensilien packen

Umgebung:
Ortsunabhängig

Zeitaufwand:
Gering

Ziel: Eine Kopie von einem Geruchsgegenstand zu erstellen und nicht das Original beim Anriechen zu verwenden oder einen Geruchsartikel zu bekommen, wenn man vergessen hat, diesen vorab von der Versteckperson zu nehmen.

Materialien: Behälter (Kulturtasche, große Plastikdose oder Minikoffer), Einweghandschuhe, Papiertaschentücher oder Verbandsgaze, Tüte (Plastik, Papier) und / oder Einmachglas

Besonderheiten / Zu beachten: Möglichst wenig Kontamination des Originals

Anleitung: Wähle einen Gegenstand, zum Beispiel den Türgriff vom Auto der Versteckperson. Ziehe die Einweghandschuhe an. Diese dienen in erster Linie dem Eigenschutz, verhindern aber zugleich einen direkten Kontakt zum Gegenstand oder Kleidungsstück, von dem die Kopie erstellt werden soll. Nimm ein Papiertaschentuch und reibe dies am ausgewählten Gegenstand, hier am Autogriff. Es reicht, ein paar Mal über den Griff zu streifen. Anschließend das Tuch in die Tüte oder das Glas packen.

Koffer für die Erstellung von Geruchsartikelkopien.

Variationen: Kopie von einem Kleidungsstück der Versteckperson erstellen. Hierbei ziehst du den Individualgeruch am besten von der auf der Haut getragenen Seite der Kleidung auf die Gaze oder das Papiertaschenbuch, indem du es an dem Kleidungsstück reibst und dann in die Tüte oder das Glas verpackst.

Mit dem Taschentuch wird der Geruch vom Original herunterkopiert.

2. Trennung – Start

Schwierigkeitsgrad:
● ○ ○

Vorbereitungen:
Keine

Umgebung:
Es müssen mindestens zwei Wege vom Startpunkt wegführen

Zeitaufwand:
Im Startbereich gering

Ziel: Keine Doppelspur von Versteckperson und Trainer / Flanker am Start

Materialien: Keine

Besonderheiten / Zu beachten: Konzentration am Start, damit man nicht doch im ersten Teil aus Versehen eine Doppelspur legt.

Anleitung: Oft legen Versteckperson und Trainer am Start fast schon unbewusst eine sogenannte Doppelspur. Das bedeutet, beide laufen zur gleichen Zeit den identischen Weg. Dies könnte dazu führen, dass sich der Hund am Start immer mehr an dieser Doppelspur orientiert, also fast schon nach dieser sucht oder sich darüber rückversichert. Deswegen ist es wichtig, von Zeit zu Zeit bewusst keine Doppelspur zu legen, sondern darauf zu achten, dass sich Versteckperson und Trainer trennen und erst unterwegs wiedertreffen, beispielsweise an der ersten Kreuzung. Damit die allein agierende Versteckperson ebenfalls weiß, wo es hingeht, ist im Voraus eine gute Absprache notwendig.

Zeigt der Hund bei diesem Start, dass er keine Doppelspur hat?

Variationen: VP und Trainer trennen sich noch häufiger unterwegs auf dem Trailverlauf.

3. Immer der Nase nach

Schwierigkeitsgrad:
● ○ ○

Vorbereitungen:
Keine

Umgebung:
Der Startbereich befindet sich am besten auf einem Fußweg – egal ob Asphalt- oder Waldweg, siehe unten

Zeitaufwand:
Gering

Ziel: Timing des Hundeführers am Start verbessern, Körpersprache des Hundes am Start lesen.

Materialien: Keine

Besonderheiten/Zu beachten: Einfacher ist es, wenn du einen ruhigen Startbereich wählst, zum Beispiel ein Wohngebiet mit einer 30er Zone.

Anleitung: Der Startbereich wird so gewählt, dass sich der Individualgeruch ganz gut an einer Mauer oder Hecke fangen kann, also nicht auf einer offenen Fläche. Am einfachsten geht das auf einem Fußweg. So gibt es optisch eine grobe Wegführung, die es dem Trailteam beim Starten einfacher macht. Der eigentliche Trail kann je nach Team in der Länge gewählt werden. Grundsätzlich empfehle ich bei Übungen mit Fokus auf den Start immer, den Trail nicht zu lang auszulegen. Rund 300 Meter sind ein guter Richtwert, wobei es nach dem Start noch zwei bis drei Entscheidungen/Abbiegungen geben sollte.

Erst geht der Hund und dann der Mensch.

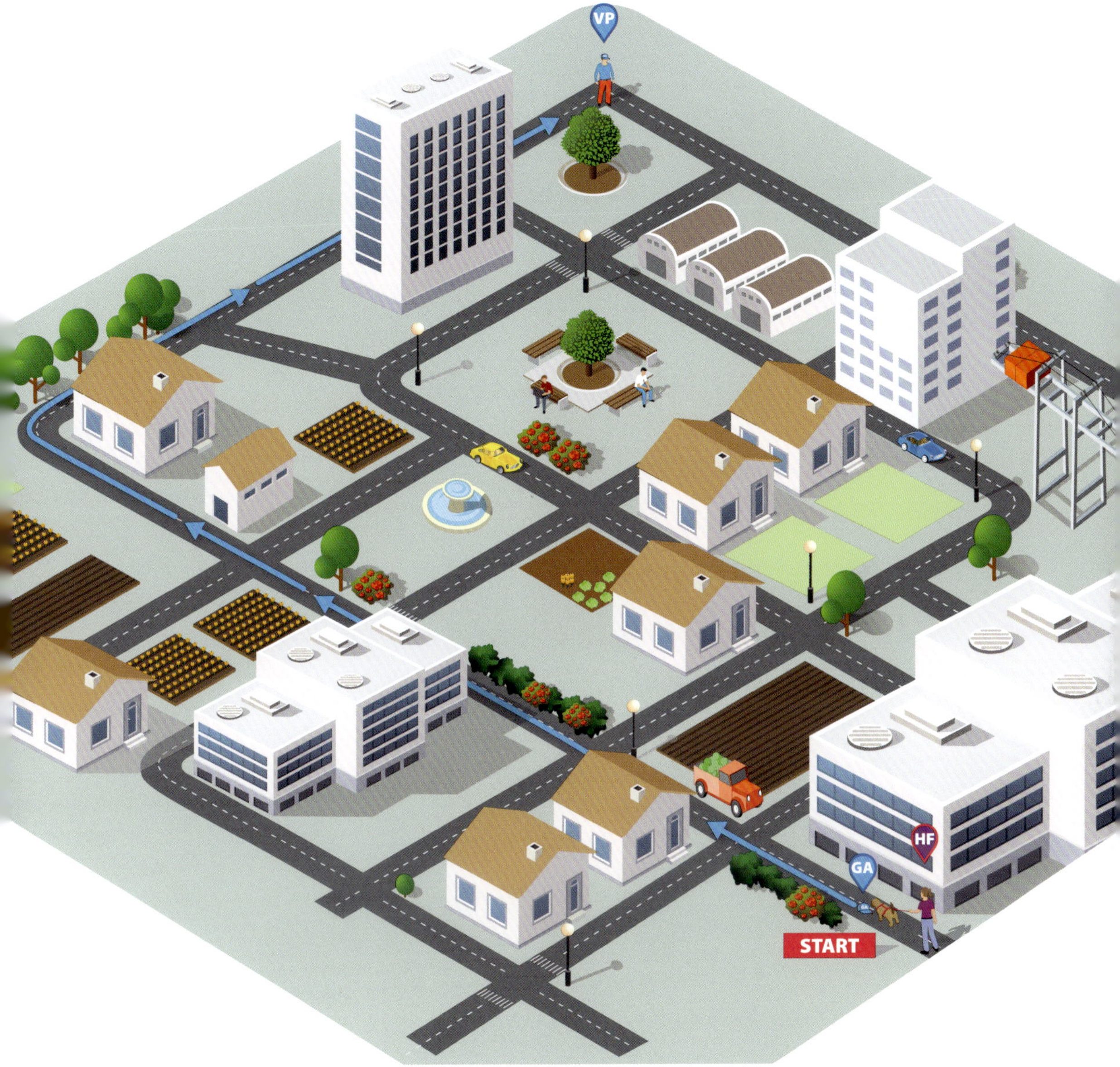

Das Trailteam richtet sich zum Starten in die Richtung des Trailverlaufes aus und beginnt mit dem Startritual. Nach dem Anriechen soll der Hundeführer genau beobachten, wann sein Hund die Spur aufnimmt und dies auch körpersprachlich anzeigt. Denn erst dann soll er mitgehen – ansonsten würde er den Hund „schieben". Eine goldene Regel beim Trailen ist: „Wer als erstes geht – im Fall von Mantrailing der Hund – der zeigt den Richtungsverlauf an."

Variationen: Keine

4. Rechter Winkel

Schwierigkeitsgrad:
● ○ ○

Vorbereitungen:
Keine

Umgebung:
Startbereich am besten auf einem breiten Fußweg – egal ob Asphalt- oder Waldweg

Zeitaufwand:
Gering

Ziel: Lesen der Körpersprache des Hundes im Startbereich verbessern

Materialien: Keine

Besonderheiten/Zu beachten: Einfacher ist es, wenn du einen ruhigen Startbereich wählst, zum Beispiel ein Wohngebiet mit einer 30er Zone.

Anleitung: Es wird ein Trail gelegt, der seinen Startbereich auf einem breiten Fuß- oder Waldweg hat. Im Hintergrund sollte sich eine Hauswand oder Hecke befinden, damit sich der Individualgeruch der Versteckperson gut fangen kann. Im Anschluss sollten noch ein bis zwei Richtungswechsel in Entscheidungen folgen. Besonders lang muss der Trailverlauf nicht sein.

Der Hund dreht zuerst den Kopf in die Richtung, aus der die Spur (der Geruch) kommt.

Das Trailteam wird so am Start aufgestellt, dass die Hundenase im rechten Winkel zur Spur zeigt. Der Spurverlauf der Versteckperson verläuft zum Beispiel aus dieser Sicht von rechts nach links. Nach dem Startritual und Anriechen trifft die Hundenase anders als sonst auf den Geruch, denn beim 90-Grad-Starten zeigt der Hund häufig erst einmal körpersprachlich die Richtung an, aus der der Geruch kommt und taucht dann erst in die Richtung ein, in die der Trailverlauf geht. Deshalb muss man sehr genau hinschauen, wann der Hund die Spur vollständig aufnimmt.

Variationen: keine

5. Ein schöner Rücken

Schwierigkeitsgrad:
● ○ ○

Vorbereitungen:
Keine

Umgebung:
Startbereich am besten auf einem breiten Fußweg – egal ob Asphalt- oder Waldweg.

Zeitaufwand:
Gering

Ziel: Lesen der Körpersprache des Hundes im Startbereich, die eigene Körpersprache im Griff haben

Besonderheiten/Zu beachten: Einfacher ist die Übung, wenn du einen ruhigen Startbereich wählst, zum Beispiel ein Wohngebiet mit einer 30er Zone.

Anleitung: Der Trail wird so gelegt, dass der Startbereich sich auf einem Fußweg im Wohngebiet oder Wald befindet anstatt auf einer offenen Fläche, damit sich der Individualgeruch der Versteckperson gut halten kann.

Das Trailteam wird im Startbereich im 180-Grad-Winkel zum Trailverlauf aufgestellt. Der Mensch hat folglich den Rücken zur Spurrichtung. Nach dem Startritual und Anriechen gilt es auch hier, den Fokus auf das Lesen der Körpersprache des Hundes zu legen. Dreht der Hund beispielsweise bereits den Kopf nach dem Anriechen in die Spurrichtung oder dreht er sich sofort ganz? Dabei sollte der Hundeführer dem Hund nicht im Weg stehen, sondern ihm den benötigten Platz frei machen und sich dann in die Richtung der Spur mit eindrehen, aber den Hund nicht schieben. Erkennt man anhand der Körpersprache die Spuraufnahme in die richtige Richtung, folgt der Hundeführer dem Hund.

Variationen: Keine

Direkt nach dem Anriechen dreht sich der Kopf des Hundes in Spurrichtung.

Auch hier ist schön zu sehen, wie sich zuerst der Kopf in Spurrichtung dreht…

…bevor der Hund ins Geruchsband eintaucht.

6. Neben der Spur

Schwierigkeitsgrad:
● ○ ○

Vorbereitungen:
Keine

Umgebung:
Ruhiger Startbereich – verkehrsberuhigt wäre optimal, je breiter der Fußweg ist, umso besser.

Zeitaufwand:
Gering

Ziel: Genaues Beobachten, wann der Hund den Trail aufnimmt

Materialien: Keine

Besonderheiten/Zu beachten: Bevor man diese Übungen trainiert, sollte man die vorherigen drei Aufgaben (N. 3, 4 und 5) bereits absolviert haben.

Anleitung: Es wird ein Trail mit der Versteckperson gelegt, der seinen Startbereich auf einem Fußweg im Wohngebiet hat. Im Anschluss folgen noch ein bis zwei Entscheidungen.

Bei den vorherigen drei Übungen stand das Trailteam auf der goldenen Spur mitten im Geruch der Versteckperson. Neben der Spur zu starten bedeutet hingegen, ein kleines Stück zu überbrücken, bis der Hund direkt im Geruch trailt. Dazu startet das Team mit ein bis zwei Leinenlängen Abstand zur Spur der Versteckperson. Nach dem Startritual inklusive Anriechen bekommt der Hund Leine und der Hundeführer beobachtet genau, wann der Hund in den Geruch eintaucht. Erst dann geht der Hundeführer zügig mit seinem Trailer mit.

Variationen: Beim Start 90 Grad neben der Spur stellt sich das Team beispielsweise zum Starten nicht mit der Vorderseite zur Spur der Versteckperson, sondern mit dem Rücken.

Der Hund dreht sich Richtung Spur ein.

In Startrichtung

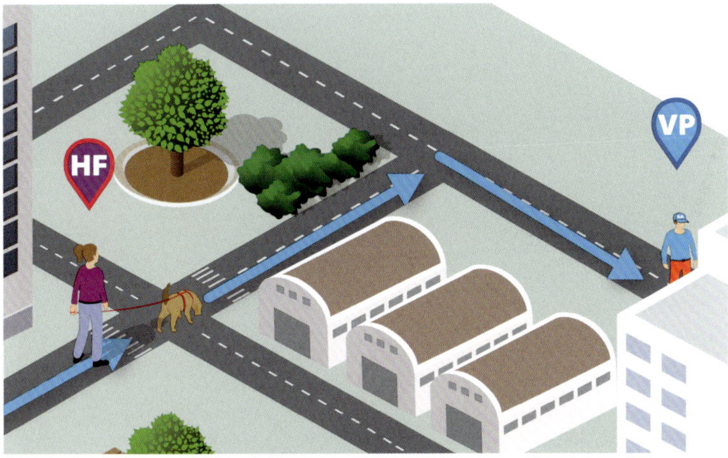

90 Grad

180 Grad

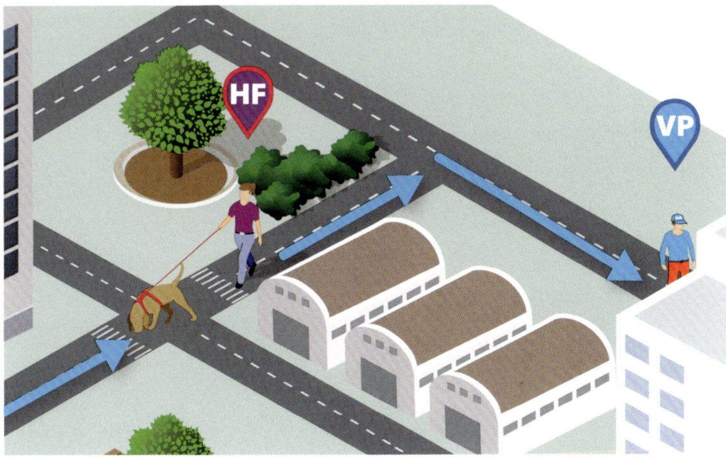

7. Was ist frischer?

Schwierigkeitsgrad:
● ● ○

Vorbereitungen:
Keine

Umgebung:
Eine Straße mit zwei Fußwegen (rechts und links)

Zeitaufwand:
Gering

Ziel: Entscheidung zwischen frischester und etwas älterer Spur

Materialien: Keine

Besonderheiten/Zu beachten: Steht das Team beim Starten auf der Straße, muss der Flanker frühzeitig vor Gefahren wie Autos oder Fahrradfahrern warnen.

Anleitung: Die Versteckperson läuft einen Fußweg ca. 30 Meter in eine Richtung, überquert dann die Straße und geht anschließend auf dem Fußweg der gegenüberliegenden Straßenseite wieder zurück. Man legt somit auf relativ kurzer Distanz ein „U". Hat die VP das zweite obere Ende des Us erreicht, geht sie noch ein Stück weiter geradeaus und biegt dann an der nächsten Entscheidung ab. Anschließend können – müssen aber nicht – noch weitere Entscheidungen gelegt werden.

Das Trailteam startet in der Mitte der Straße. Dabei unbedingt auf den Verkehr achten. Nach dem Startritual und Anriechen erhält der Hund Leine. Entscheidet sich der Hund direkt für die frische Spur, so geht der Hundeführer mit. Geht der Hund erst zur älteren Spur, bleibt der Hundeführer erst einmal stehen und gibt ihm dadurch Zeit, sich die frischere Spur zu erarbeiten.

Variationen: Diese Aufgabe kann ebenfalls auf einem breiten Waldweg gelegt werden – hier muss man sich die Fußwegseiten einfach dazu denken.

Alternativ kann es auf einem Fußweg viele alte Spuren der Versteckperson geben und auf der anderen Gehwegseite nur eine frische Spur der Versteckperson. Hier lernt der Hund: Egal, wie viel auf einer Seite an Geruch der Versteckperson liegt – es zählt nur die frischeste Spur, auch wenn dort nur eine Spur der Versteckperson liegt.

Der Hund wird in der Mitte der Straße angesetzt.

Er entscheidet sich für die frischere der beiden Spuren…

…und taucht ein ins Geruchsband.

Jetzt verfolgt er die Spur sicher weiter.

8. Aus der Gruppe starten

Schwierigkeitsgrad:
● ● ○

Vorbereitungen:
Keine

Umgebung:
Parkplatz

Zeitaufwand:
Gering

Ziel: Ablenkung am Start durch andere Personen ignorieren lernen

Materialien/Personen: Mehrere Verleitpersonen

Besonderheiten/Zu beachten: Wenn ihr die Übung zum ersten Mal trainiert, sollten die Verleitpersonen nicht zu eng stehen. Keine der Verleitpersonen sollte den Geruchsartikel der Versteckperson kontaminieren.

Anleitung: Stelle im Startbereich ein paar Verleitpersonen mit Abstand auf. Die Personen können dabei in die unterschiedlichsten Richtungen schauen. Unterschieden wird ebenfalls, ob die Personen auf der Spur oder neben der Spur stehen. Die Spur der Versteckperson wird durch die Gruppe hindurchgelegt und geht noch mindestens eine Abbiegung weit, damit die Versteckperson außer Sicht und nicht über die Hochwinde zu erreichen ist.

Das Trailteam startet inmitten der Gruppe. Spannend ist dabei zu beobachten, inwieweit sich der Hund für die Verleitpersonen interessiert oder nicht.

Variationen: Der Hund kann anstatt in der Gruppe vor der Gruppe gestartet werden oder alternativ in der Gruppe, aber im 180-Grad-Winkel zur Spurrichtung. Eine weitere Option ist es, die Verleitpersonen enger beisammenstehen zu lassen.

! ***Tipp:*** Traut sich der Hund nicht durch die Gruppe hindurch, erhöht man einfach den Abstand zur Spur und zu den einzelnen Personen bzw. lässt die Verleitpersonen weiter auseinandertreten.

Anriechen am Geruchsartikel …

… bevor das Team mitten durch die Gruppe hindurch startet.

Rasch scannt der Hund die Verleitpersonen …

… und zeigt hier eine klare Körpersprache im Geruchsband, sobald er aus der Gruppe raus ist.

9. Die Mauer

Schwierigkeitsgrad:
● ● ○

Vorbereitungen:
Keine vorab

Umgebung:
Parkplatz

Zeitaufwand:
Gering

Ziel: Ablenkung am Start durch andere Personen ignorieren lernen. Die Gruppe steht hier nicht im Rücken, sondern vor dem Team, sodass sich der Hund durch eine Mauer aus Verleitpersonen hindurcharbeiten muss.

Materialien/Personen: Mehrere Verleitpersonen

Besonderheiten/Zu beachten: Keine der Verleitpersonen sollte den Geruchsartikel der Versteckperson kontaminieren.

Anleitung: Die Verleitpersonen reihen sich auf wie Perlen auf einer Schnur und lassen einen kleinen Abstand (s. Foto) untereinander. Die Spur der Versteckperson verläuft durch die Mauer der Verleitpersonen hindurch und geht dann noch mindestens eine Abbiegung.

Das Trailteam startet mit ein wenig Abstand zur „Menschen-Mauer". Hier kann es sein, dass der Hund etwas mehr Zeit braucht, um sich durch die Mauer durchzuarbeiten. Stellt die Mauer eine zu große Herausforderung dar, lässt man einfach die Mauer ein wenig auflockern, sprich die Abstände vergrößern. Es macht Freude, zu beobachten, welchen Weg der Hund wählt: Arbeitet er sich direkt dort durch, wo die Versteckperson gelaufen ist, oder nimmt er einen anderen Weg? In welcher Form interessiert sich der Hund für die Versteckperson?

Variationen: Die Mauer hat „Löcher" – die Verleitpersonen stehen mit weitaus mehr Abstand. Die Verleitpersonen schauen in unterschiedliche Richtungen. Das Team startet im 180-Grad-Winkel zur Spur der Versteckperson.

Konzentration und gemeinsames Starten sind sehr wichtig.

Der Hund wird vor der Mauer gestartet.

Hinter der Mauer taucht der Hund noch stärker ins Geruchsband ein.

10. Der kürzeste Trail

Schwierigkeitsgrad:
● ● ●

Vorbereitungen:
Platz im Kofferraum schaffen

Umgebung:
Parkplatz

Zeitaufwand:
Gering

Ziel: Start-End-Pool kennenlernen, versperrtes Versteck

Materialien: Eigenes Auto der VP (am besten ein älteres Modell mit größerem Kofferraum)

Besonderheiten/Zu beachten: Der Start-End-Pool kann eine größere Herausforderung sein. Vielleicht braucht der Hund Unterstützung beim versperrten Versteck, indem der Hundeführer mit seiner Hand in die Richtung des Kofferraumschlitzes zeigt.

Anleitung: Man kann mit einem separaten Geruchsartikel der VP arbeiten oder den Türgriff (außen) der Fahrerseite nutzen.

Die Versteckperson sitzt auf dem Fahrersitz, nachdem sie zuvor selbst die Tür auf der Fahrerseite geöffnet hat. Dann öffnet sie die Tür von innen, steigt aus, schließt die Tür wieder, geht eng am Auto entlang Richtung Kofferraum, steigt in diesen ein und schließt den Kofferraum.

Das Trailteam wird an der Fahrertür angesetzt. Bei dieser Übung benötigt der Hund vermutlich Zeit, besonders, wenn er noch nie einen Start-End-Pool gearbeitet hat. Denn hier fehlt im Grunde genommen der eigentliche Trail.

Variationen:

- Kofferraum einen Spalt geöffnet lassen
- Kofferraum komplett geöffnet lassen
- Vorher einen längeren Trail legen und den Kofferraum als „versperrtes Versteck“ nutzen
- Die Versteckperson ist nicht Eigentümer / Fahrer des Autos

! ***Tipp:*** Im Anschluss an diesen Trail lässt sich gut noch etwas Leichtes mit einem Trailverlauf ohne Start-End-Pool für das Team legen.

Einsatzrelevanz: Entführung oder Suizid im Kofferraum

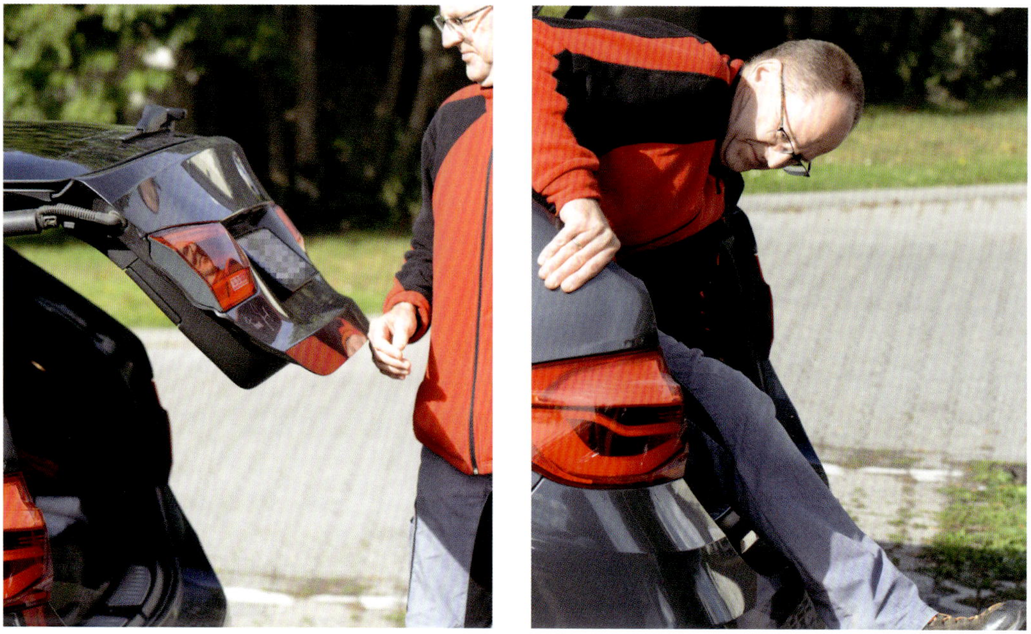

1. Die VP steigt in den Kofferraum ein.

2. Der Kofferraum kann einen Spalt offen bleiben oder komplett geschlossen sein.

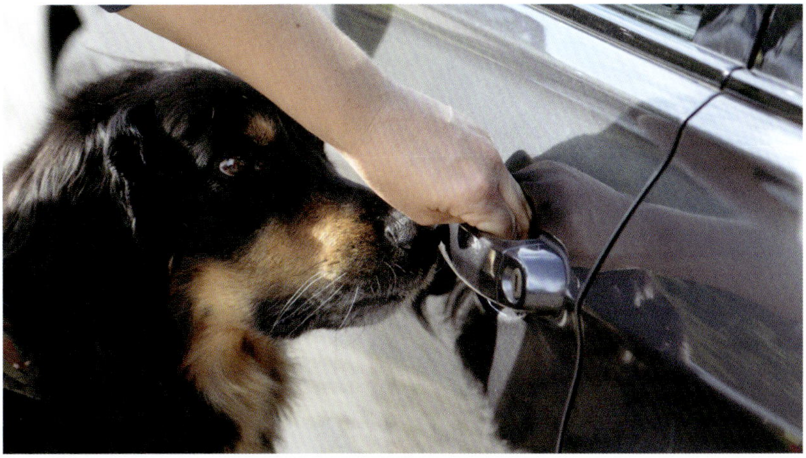

3. Der Hund riecht am Türgriff an…

4. …trailt um das Auto herum…

5. …und findet die VP im Kofferraum.

11. Auto-Quartett

Schwierigkeitsgrad:
● ● ○

Vorbereitungen:
Die Teams, die die Versteckpersonen suchen sollen, schauen nicht beim Auslegen der Personen zu.

Umgebung:
Parkplatz, von dem aus man die Möglichkeit hat, in vier Richtungen wegzugehen.

Zeitaufwand:
Gering

Ziel: Das Trailteam sucht bei vier Spuren, die zeitgleich von einem Auto wegführen, eine ihm unbekannte Versteckperson.

Materialien/Personen: Vier Versteckpersonen, Auto mit vier Türen

Besonderheiten/Zu beachten: Benutzt am besten ein Auto, das ggf. einen kleinen Kratzer verträgt.

Anleitung: Vier Personen nehmen auf vier Sitzen im Auto Platz, in das sie über die jeweilige Tür eingestiegen sind und verweilen dort einen Moment. Jede der Personen legt ihren Geruchsartikel auf den Sitz, auf dem sie gesessen hat. Am besten etwas, was nicht gleich verrät, von wem es ist – z.B. einen Tannenzapfen. Anschließend gehen alle in vorher besprochene Verstecke. Bei vier Personen sollten diese sich in alle vier Himmelsrichtungen verteilen. Die Distanz zum Hund soll dabei so groß werden, dass sie nicht gesehen werden und nicht über die Hochwinde gefunden werden können.

Das erste Trailteam sucht sich einen Sitz aus, nimmt sich den dazugehörigen Geruchsartikel und startet von dieser Tür weg den Hund mit dem üblichen Startritual. Dann startet das zweite, anschließend das dritte und zuletzt das vierte Trailteam.

Variationen:

- Weniger Personen verstecken
- Die Versteckpersonen verlassen das Auto zu unterschiedlichen Zeiten
- Alle Teams starten gleichzeitig – jedes von seiner Tür aus

Einsatzrelevanz: Verunfalltes Auto, dessen unbekannter Fahrer geflohen oder im Schock weggelaufen ist.

Vier Personen steigen gleichzeitig aus einem Auto aus und legen eine Spur.

12. Gänseblümchen

Schwierigkeitsgrad:
● ○ ○

Vorbereitungen:
Die Blume besorgen oder einen Trainingsort wählen, an dem zum Beispiel Gänseblümchen wachsen.

Umgebung:
Ortsunabhängig

Zeitaufwand:
Gering

Ziel: Ungewöhnliche Geruchsartikel mit Eigengeruch und ohne Tüte/Glas kennenlernen. Mehr Vertrauen in die unterschiedlichen Geruchsartikel bekommen.

Materialien: Eine Blume mit mehreren Blütenblättern wie z.B. ein Gänseblümchen oder eine Gerbera

Besonderheiten/Zu beachten: Die Blume nicht zu sehr mit anderen Gerüchen kontaminieren

Anleitung: Die Versteckperson versieht die Blume und den Stängel mit ihrem Geruch, indem sie die Blume zwischen den Händen hält. Bis zur eigentlichen Suche kann die Blume in einem Glas oder einer Tüte aufbewahrt werden. Es wird ein Trail mit mindestens zwei Entscheidungen gelegt.

Wer mag, kann dem Trailteam vor dem Start und bevor man den Geruchsträger an dieses übergibt eine kleine Geschichte à la „Sie findet mich – sie findet mich nicht – sie findet mich" erzählen.

Das Trailteam erhält seinen Startpunkt und führt dort sein Startritual durch. Die Blume wird aus dem Glas genommen, in dem sie vor dem Start aufbewahrt wurde und so in die Richtung der Hundenase gehalten. Die Übung dient zum einen dazu, zu zeigen, wie unterschiedlich und manchmal schon fast abwegig Geruchsartikel sein können. Zum anderen zeigt diese Art von Anriechen, wie nah und wie lange sich der Hund mit dem Geruch am Start beschäftigt.

Variationen: Ein Grashalm, ein Blatt oder Rose, z.B. die letzte Rose des Bachelors oder der Bachelorette

! ***Tipp:*** Das Bild vom Anriechen der Blume und die kleine Story dazu eignen sich hervorragend für ein Social Media Posting.

Der Hund riecht an der Blume an…

…und zeigt die Spuraufnahme deutlich durch Eintauchen des Kopfes an.

Nun verfolgt er zielstrebig die Spur der Versteckperson.

13. Ching-Chang-Chong

Schwierigkeitsgrad:
● ○ ○

Vorbereitungen:
Materialien besorgen

Umgebung:
Ortsunabhängig

Zeitaufwand:
Mittel

Ziel: Unterschiedliche bzw. vorher nicht bekannte Personen suchen

Materialien: Schere, Stein, Papier; drei Versteckpersonen

Besonderheiten/Zu beachten: Keine unbewusste Kontamination auf den Gegenständen

Anleitung: Die drei Hauptfiguren bei diesem beliebten Spiel sind Schere, Stein Papier. Drei mögliche Versteckpersonen erhalten jeweils einen der drei Gegenstände und verstecken ihn so in der Tasche, dass er nicht sichtbar ist.

Das erste Trailteam spielt in einem Ching-Chang-Chong-Duell (auch Schnick Schnack Schnuck genannt) mit einem zweiten Team darum, wer als erstes trailt und welche Versteckperson es heute sucht. Kurz gesagt: Beide haben eine Hand zu Faust geballt, sagen gemeinsam Ching-Chang-Chong und zeigen dann einer der drei Gesten: Schere, Stein oder Papier. Stein gewinnt gegen Schere, Schere gewinnt gegen Papier und Papier gewinnt gegen Stein. Beim Unentschieden muss noch einmal gespielt werden. Der Gewinner darf sich nun einen Geruchsträger – also entweder Schere, Stein oder Papier – aussuchen und hat dadurch obendrein die Versteckperson gewählt.

Versteckpersonen – drei Geruchsträger: Schere, Stein und Papier.

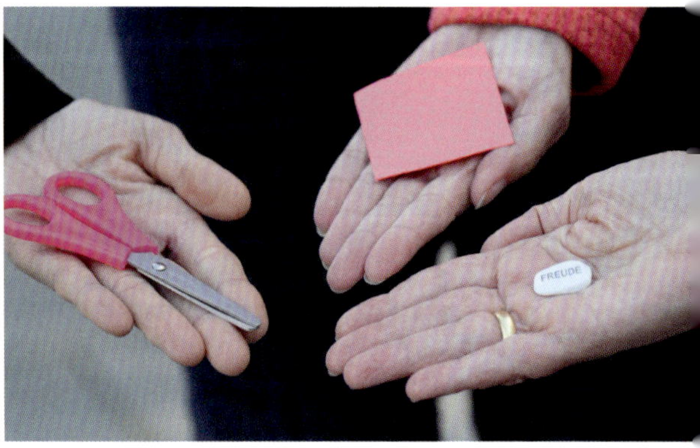

Drei Hundeführer spielen aus, mit welchem Geruchsträger ihr Hund sucht.

Der Hund riecht am Geruchsträger Stein an.

Der Hund riecht am Geruchsträger Schere an.

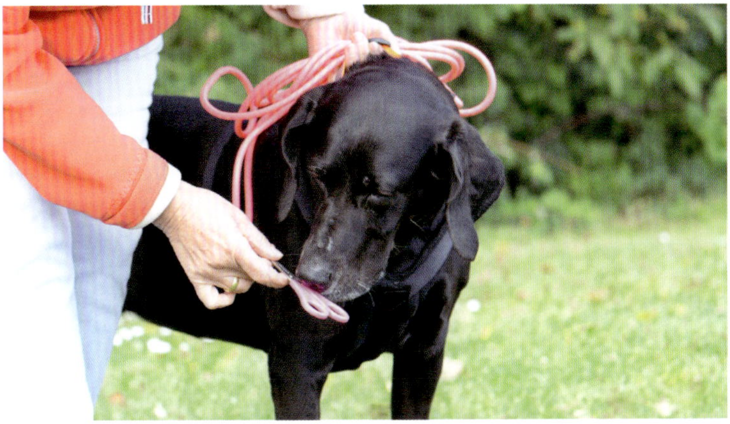

Der Hund riecht am Geruchsträger Papier an.

Die Versteckperson übergibt dem Team ihren Geruchsträger und wird vom Trainer ausgelegt. Anschließend geht das Team mit dem Geruchsträger auf die Suche, der dem Hund ohne Tüte / Glas unter die Nase gehalten wird.

Variationen: Naturgegenstände wie Stöckchen oder Muscheln

14. Ein Hauch von nix

Schwierigkeitsgrad:
● ● ○

Vorbereitungen:
Erstellung des Geruchsartikels ohne, dass das Trailteam dabei zuschaut und bevor man den Trail legt.

Umgebung:
Ortsunabhängig

Zeitaufwand:
Gering

Ziel: Genauer Umgang mit dem Geruchsträger. Bewusstsein dafür schaffen, dass der Hund am Geruchsträger und nicht außen am Behälter anriecht.

Materialien: Einmachglas

Besonderheiten/Zu beachten: Die Versteckperson hält das Einmachglas nicht selbst fest.

Anleitung: Der Trainer hält der Versteckperson das Einmachglas vor den Mund. Diese haucht hinein, ohne es zu berühren. Die Versteckperson wird in ihr Versteck gebracht. Die Länge des Trails spielt keine Rolle.

Am Startpunkt erhält der Hundeführer den Geruchsträger. Direkt nach der Erstellung des Geruchsträgers kann man den Atem noch sehen – nach kurzer Zeit schon nicht mehr. Deshalb kommt meistens bei der Übergabe des Einmachglases der Satz: „Da ist ja gar nichts drin?“ Dann kann man das Rätsel natürlich auflösen.

Diese Aufgabe zeigt auf, wie wichtig es ist, dass die Verpackung – egal ob Glas oder Tüte – nicht von der Versteckperson sein sollte. Denn dann würde der Hund lernen, dass es reicht, an der Verpackung anzuriechen und nicht am eigentlichen Geruchsartikel.

Variationen: In eine Tüte anstatt in ein Glas hauchen oder in ein Glas spucken anstatt zu hauchen.

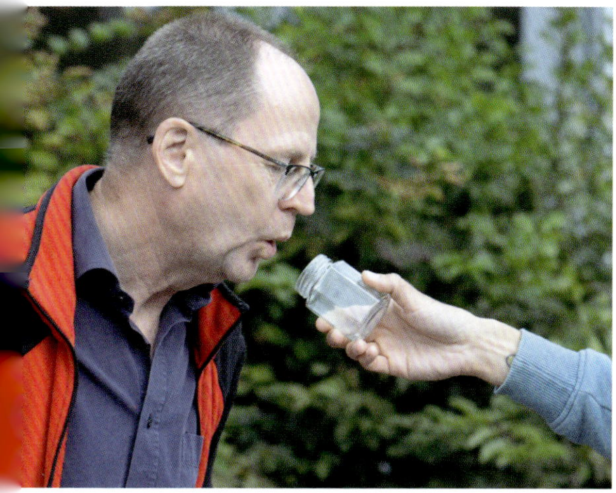

Der Hundeführer lässt die Versteckperson ins Glas hauchen.

Der Hund riecht am Atem der Versteckperson an…

…und nimmt zielstrebig die Spur auf.

Nach der Anzeige der Versteckperson ist ihm seine Belohnung sicher!

15. Rauchschwaden

Schwierigkeitsgrad:
● ● ○

Vorbereitungen:
Herstellung des verbrannten Geruchsträgers. Hier muss man ein wenig Zeit einplanen, da die Asche erst kalt werden muss.

Umgebung:
Ortsunabhängig

Zeitaufwand:
Mittel

Ziel: Mehr Vertrauen in außergewöhnliche Geruchsträger aufbauen

Materialien: Taschentücher, Feuerzeug, Zange, feuerfestes Behältnis, Einmachglas

Besonderheiten/Zu beachten: Diese Art von Geruchsträger solltest du genau wie Zigarettenstummel nicht zu oft trainieren, da nicht jeder Hund verbrannten Geruch gerne mag. Die Person, die den Geruchsartikel herstellt, steht zum Ausschluss mit am Start.

Anleitung: Die Versteckperson versieht das Papiertaschentuch mit ihrem Individualgeruch. Eine weitere Person nimmt mit einer Zange das Taschentuch entgegen, zündet es an und lässt es unter Aufsicht verbrennen. Die Asche abkühlen lassen und anschließend in ein Einmachglas umfüllen. Währenddessen kann die Versteckperson in ihr Versteck gebracht werden.

Das Taschentuch der Versteckperson wird von einer anderen Person verbrannt.

Das verbrannte, abgekühlte Taschentuch der Versteckperson wird von einer anderen Person in ein Glas verpackt.

Der Hund riecht an der verbrannten Asche an.

Der Hund findet die Versteckperson und zeigt sie an.

Das Trailteam führt am Startpunkt sein Startritual durch und reicht anschließend dem Hund das Glas mit der Asche darin. Je leichter die Asche ist, desto eher besteht die Chance, die Anriech-Verwirbelungen im Glas zu beobachten.

Variationen: Andere Materialien, die den Individualgeruch tragen, verbrennen

16. Wassertopf

Schwierigkeitsgrad:
● ● ○

Vorbereitungen:
Keine

Umgebung:
Ortsunabhängig

Zeitaufwand:
Gering

Ziel: Verschiedenste Varianten von Geruchsartikeln kennlernen

Materialien: Ein Einmachglas (alternativ Hundenapf), Wasser

Besonderheiten/Zu beachten: Aufpassen, dass die Versteckperson das Einmachglas nicht berührt. Die Person, die das Glas hält, muss zum Ausschluss mit am Start stehen.

Anleitung: Eine andere Person als die Versteckperson füllt Wasser bis zu etwa 2/3 Füllhöhe des verwendeten Behältnisses und hält dieses dann der Versteckperson auf Abstand entgegen. Diese taucht ihre Finger etwa 20 Sekunden lang in das Wasser. Anschließend wird die Person ins Versteck gebracht, während mindestens noch ein bis zwei Entscheidungen getroffen werden müssen.

Das Team wird an den Startpunkt gebracht, führt das Startritual durch und lässt den Hund an der Flüssigkeit anriechen. Oft ist dabei zu beobachten, wie der Hund am Wasser schleckt.

Variationen: Andere Flüssigkeiten wie zum Beispiel Saft zum Anriechen nehmen. Alternativ können dafür auch Blut oder Urin in einem Behälter verwendet werden.

Einsatzrelevanz: Flüssigkeiten als Geruchsträger kommen recht häufig vor, beispielsweise bei Abgängigen in Krankenhäusern, die ihre Sachen mitgenommen haben, von denen aber noch Blut oder Urin im Labor vorhanden ist.

Die Versteckperson hält ihre Finger ins Glas, ohne es dabei zu berühren.

Der Hund riecht am Wasser an…

…und verfolgt die Spur.

Gefunden!

17. Kaffeesatz

Schwierigkeitsgrad:
●●○

Vorbereitungen:
Keine

Umgebung:
Ortsunabhängig

Zeitaufwand:
Gering

Ziel: „Geruchsartikel-Betriebsblindheit" abstellen und neue Varianten ausprobieren. Vertrauen in die Bandbreite von möglichen Gebrauchsartikeln schaffen.

Materialien: Kalter Kaffeesatz, Einmachglas

Besonderheiten/Zu beachten: Das Einmachglas darf nicht von der Versteckperson berührt werden.

Anleitung: Wenn wir in der Parfümerie zu viele Düfte probieren, bekommen wir Kaffeebohnen zum Neutralisieren unter die Nase gehalten. Kann also Kaffee als Geruchsträger funktionieren? Ja – denn die Wissenschaft ist sich nicht sicher, ob die Neutralisation in der Nase oder im Gehirn des Menschen stattfindet.

Die Versteckperson reibt den kalten Kaffeesatz zwischen den Händen und versieht ihn so mit dem eigenen Individualgeruch. Anschließend füllt sie den Kaffeesatz in das Glas, ohne es zu berühren. Im Anschluss wird die Versteckperson mit mindestens einer Entscheidung und außer Sicht ins Versteck gebracht.

Das Team führt am Start sein Ritual durch und der Hund riecht am Kaffeesatz an.

Variationen: Kalten flüssigen Kaffee oder Kaffeebohnen mit Individualgeruch versehen.

Die Versteckperson versieht den Kaffeesatz mit ihrem Individualgeruch.

Der Hund verfolgt die Spur.

Der Hund findet die Versteckperson und zeigt diese an.

18. Schuhabrieb

Schwierigkeitsgrad:
● ● ○

Vorbereitungen:
Keine

Umgebung:
Bordstein am Fußweg

Zeitaufwand:
Gering

Ziel: Ungewöhnlicher Geruchsartikel ohne direkten Körperkontakt

Materialien: Außer Trainer, Versteckperson und Hundeführer wird noch ein Helfer benötigt.

Besonderheiten/Zu beachten: Trainer und Hundeführer müssen sich gut merken, wo der Abrieb der Versteckperson gemacht wurde. Während der Trainer die Versteckperson auslegt, sollte der Helfer den Abrieb bewachen, damit sich nicht aus Versehen ein anderer Individualgeruch daraufsetzt oder -stellt.

Anleitung: Für kurze Zeit wird die Versteckperson zur „Bordsteinschwalbe“: An einer Stelle, die man sich gut merken kann (oder mit einem Marker markiert) reibt die Versteckperson mit einem ihrer Schuhe an dem Bordstein und dessen Kante ca. fünf bis zehn Mal entlang. Anschließend wird sie in ihr Versteck gebracht, mit mindestens ein bis zwei Entscheidungen und außer Sicht.

Das Trailteam macht sich mit seinem Startritual etwa einen Meter von dem Bordstein entfernt startklar. Der Hund wird am besten am Halsband festgehalten – die Schleppleine ist bereits am Geschirr – zum Abriebpunkt geführt und der Hundeführer (oder Trainer) zeigt mit einem Finger auf den Punkt, wo er den Geruch abnehmen soll. Hier gibt es zwei Typen von Hunden: Die einen wollen so nah wie möglich mit der Nase an den Geruch, die anderen nehmen den Geruch lieber mit Abstand aus der Luft auf.

Variationen: Der Abrieb kann einfach auf dem Asphalt oder auf einem Stück Wiese erstellt werden. Dabei wieder gut merken, wo der Abrieb durchgeführt wird.

Einsatzrelevanz: Wenn eine Stelle bekannt ist, an der die vermisste Person stand und kein anderer Geruchsartikel verfügbar ist.

Die Versteckperson reibt am Bordsteinrand ihre Schuhsohle.

Der Hundeführer zeigt an die Stelle, wo der Hund anriechen soll.

Der Hund verfolgt die Spur der Versteckperson.

19. Ein Haar im Glas

Schwierigkeitsgrad:
● ● ○

Vorbereitungen:
Keine

Umgebung:
Ortsunabhängig

Zeitaufwand:
Gering

Ziel: Aufzeigen, mit wie wenig Geruch der Hund die Person finden kann.

Materialien: Ein Haar der Versteckperson, Einmach- oder Schraubdeckelglas

Besonderheiten/Zu beachten: Fasst die Versteckperson das Glas an, so trägt dieses ebenfalls dessen Geruch. Alternativ, um dies zu vermeiden, kann der Hundeführer das Geruchsträger-Haar ins eigene Glas geben.

Anleitung: Nach dem Motto „Es muss nicht immer viel sein" wird hier mit sehr wenig Geruch (auch Minimalgeruch genannt) gearbeitet. Die Herausforderung liegt aber meistens nicht beim Hund, sondern bei den Gedanken des Menschen. Wenn man die Teilnehmer beispielsweise bittet, Haare als Geruchsartikel mitzubringen, befindet sich meist ein komplettes Haarbüschel aus der Bürste in der Tüte. Man kann dann vor Ort in erstaunte Augen schauen, wenn der Flanker sagt, dass nur ein einziges Haar benötigt wird. Hier wird das Haar der Versteckperson vom Hundeführer in einen Behälter (Glas/Tüte) umverpackt. Nur so ist das Haar auch wirklich der Geruchsartikel und nichts anderes. Nach der Abgabe des Geruchsartikels wird die Versteckperson für einen normalen Trail ausgelegt.

Das Trailteam wird nun am Startpunkt mit dem Geruchsartikel Haar in die Suche geschickt.

Variationen: Der Output, wenn wir unsere Nägel mit der Nagelfeile feilen. Dieser Fingernagelabrieb ist ebenfalls kaum im Glas oder der Tüte zu sehen. Das Haar kann alternativ ohne Umverpackung dem Hund einfach so unter die Nase gehalten werden.

Die Versteckperson gibt nur ein einzelnes Haar als Geruchsartikel.

Dieses wird ins Glas verpackt.

20. Konfetti-Trail

Schwierigkeitsgrad:
● ● ○

Vorbereitungen:
Konfetti aus dem Locher mitbringen oder noch lochen, wenn gerade nichts da ist.

Umgebung:
Ortsunabhängig

Zeitaufwand:
Gering

Ziel: Variationsreich mit dem Thema Geruchsartikel umgehen

Materialien: Konfetti, Einmach- oder Schraubdeckelglas

Besonderheiten/Zu beachten: Das Glas nicht mit Geruch der Versteckperson kontaminieren.

Anleitung: Die Versteckperson reibt das Konfetti einige Zeit (20–60 Sekunden) zwischen ihren Händen. Dann werden die Papierschnipsel in das Einmachglas eingefüllt. Anschließend wird die Versteckperson mit mindestens ein bis zwei Entscheidungen außer Sicht in ein Versteck gebracht.

Beim Überreichen des Konfetti-Geruchsartikels teilt man dem Team den Startpunkt des Trails mit und fordert das trailende Team sowie die Beobachter auf, den Anriechprozess genau zu beobachten. Denn oftmals kann man durch die Luftzufuhr der Hundenase sehen, wie das Konfetti leicht aufwirbelt.

Übrigens kann ein Konfetti-Trail gegen jegliche Art von schlechter Laune helfen.

Variationen: Wenn gerade kein Konfetti da ist, kann man ein Stück Papier einfach von der Versteckperson in ganz kleine Stücke zerreißen lassen.

! ***Tipp:*** Je dünner das Papier ist, desto größer ist die Chance, dass die Papierschnipsel beim Anriechen durch den Luftzug von der Hundenase verwirbelt werden.

Der Hund riecht am Konfetti an…

…und verfolgt zielstrebig die Spur.

21. Original und Fälschung

Schwierigkeitsgrad:
● ● ○

Vorbereitungen:
Keine

Umgebung:
Ortsunabhängig

Zeitaufwand:
Gering

Ziel: Genaues Herstellen von Geruchsartikeln ohne Kontamination

Materialien: Abstrichtupfer und/oder Ohrstäbchen

Besonderheiten/Zu beachten: Sauber und genau bei der Geruchsartikelherstellung arbeiten

Anleitung: In Einsätzen wird oft ein Abstrichtupfer zur Erstellung der Geruchsartikelkopie verwendet. Da diese nicht günstig sind, können sie alternativ im Training durch die „Fälschung" – ein Watte-Ohrstäbchen – ersetzt werden. Mit diesem Stäbchen kann der Hundeführer ebenfalls gut den Individualgeruch der Versteckperson abnehmen. Wenn das Team beispielsweise nur mit Speichel als Geruch arbeiten möchte, ist es natürlich wichtig, dass die Versteckperson das Stäbchen nicht noch zusätzlich an einer anderen Stelle berührt. Alternativ kann man mit dem Stäbchen eine Geruchsartikelkopie, zum Beispiel vom Inneren eines Schuhs (Anleitung anlog zu Aufgabe 1) abnehmen. Nach der Entnahme des Geruches wird die Versteckperson ins Versteck gebracht.

Bei Anriechen wird das Stäbchen dem Hund Richtung Nase gehalten. Nun können alle schön beobachten, wie nah der Hund selbständig an den Geruch geht.

Variationen: Wattepads können ebenfalls als Geruchsträger verwendet werden.

Der Hund riecht am Abstrichstäbchen (Original) an.

Der Hund riecht am Ohrstäbchen (Fälschung) an.

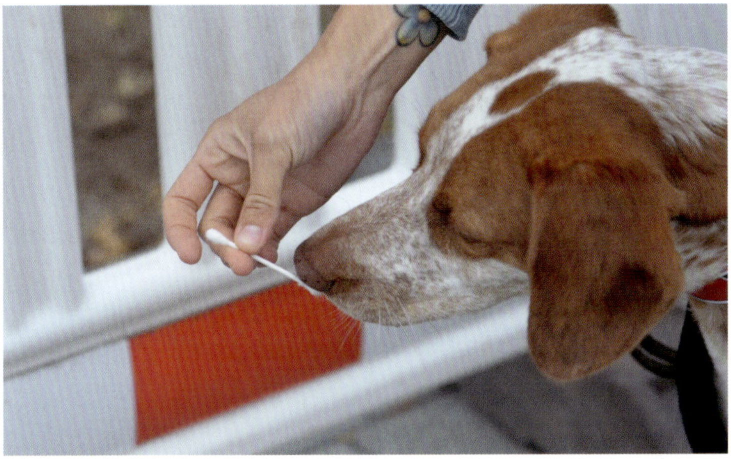

Original und Fälschung.

22. Geruchsgemenge

Schwierigkeitsgrad:
● ● ○

Vorbereitungen:
Herstellung der Kontamination

Umgebung:
Ortsunabhängig.

Zeitaufwand:
Mittel

Ziel: Den Unterschied zwischen Hauptgeruch und frischestem Geruch kennenlernen, Kontamination trainieren.

Materialien/Personen: Neben der Versteckperson werden noch ein bis zwei weitere Personen benötigt. Von der Versteckperson wird ein größerer Geruchsartikel wie zum Beispiel ein T-Shirt oder eine Jacke benötigt.

Besonderheiten/Zu beachten: Die Personen, die bewusst den Geruchsartikel kontaminiert haben, müssen im Startbereich zum Ausschluss stehen.

Anleitung: Das T-Shirt trägt als Hauptgeruch den Geruch der Versteckperson. Person Eins fasst das T-Shirt ein paar Sekunden an. Damit ist der Geruchsträger mit einem weiteren Individualgeruch, also einfach, kontaminiert. Beim ersten Mal reicht eine einfache Kontamination. Die Versteckperson wird ausgelegt. Person Eins steht mit am Start, damit der Trailer diesen Geruch ausschließen kann.

Beim nächsten Mal kann der Geruchsartikel beispielsweise von zwei Personen kontaminiert werden. Dann spricht man von einer mehrfachen Kontamination. Hier müssen jetzt beide Personen, die den Geruchsträger kontaminiert haben, zum Ausschluss für den Hund im Startbereich stehen.

Nicht kontaminiert

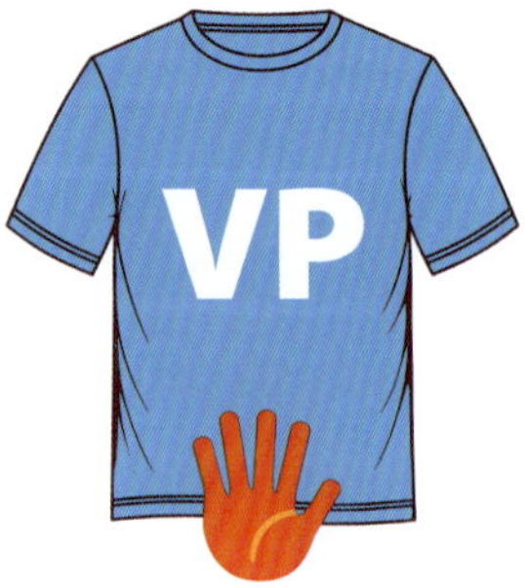

Einfach kontaminiert

Mehrfach kontaminiert

Der Geruchsartikel stammt nur von der Versteckperson und wurde nicht mit anderen Individualgerüchen kontaminiert.

Der Geruchsartikel ist von einer weiteren Person kontaminiert.

Variationen: Es können noch mehr als zwei Personen den Geruchsartikel kontaminieren.

Einsatzrelevanz: Oft sind mögliche Geruchsartikel der vermissten Person von Mitbewohnern, Familienangehörigen oder der Polizei kontaminiert worden. Dieser Möglichkeit sollte man sich bewusst sein und sie in das Training mit einbeziehen.

23. Fahrerflucht

Schwierigkeitsgrad:
● ● ○

Vorbereitungen:
Keine

Umgebung:
Parkplatz

Zeitaufwand:
Gering

Ziel: Unterscheidung von frischestem Geruch und Hauptgeruch trainieren

Materialien: Ein Auto, welches normalerweise nicht von der Versteckperson genutzt wird

Besonderheiten/Zu beachten: Dass keine Kratzer am Fahrzeug entstehen

Anleitung: Die Versteckperson nimmt auf einem Sitz in einem Auto Platz, welches ihr weder gehört noch von ihr genutzt wird. Dort bleibt sie ca. eine Minute sitzen, dann steigt sie aus. Bis zur Suche kann die Autotür geschlossen werden. Die Versteckperson legt von der Autotür aus einen Trail, dessen Verlauf mindestens ein bis zwei Entscheidungen enthalten sollte.

Das Trailteam führt sein Startritual in kurzer Distanz zum Auto durch und anschließend wird der Hund zum Autositz geführt, damit er dort anriechen kann. Der Hundeführer zeigt auf den Sitz und gibt das Kommando zur Geruchsaufnahme: Zum Beispiel „Riech da" und im Anschluss das Kommando zur Suche. In diesem Fall ist der Geruch der frischeste und nicht der Hauptgeruch wie in der Übung zuvor.

Variationen: Jeder Sitz im Auto ist verwendbar. Ohne Auto in einem Raum nach dem gleichen Prinzip mit Stuhl/Sessel durchführbar.

Einsatzrelevanz: Es wird eine unbekannte Person vermisst, zum Beispiel nach einem Autounfall, von der es keinen anderen eindeutig zuzuordnenden Geruchsartikel gibt.

Die Versteckperson sitzt einige Zeit auf dem Beifahrersitz, steigt aus und legt einen Trail.

Der Hund riecht am Beifahrersitz an.

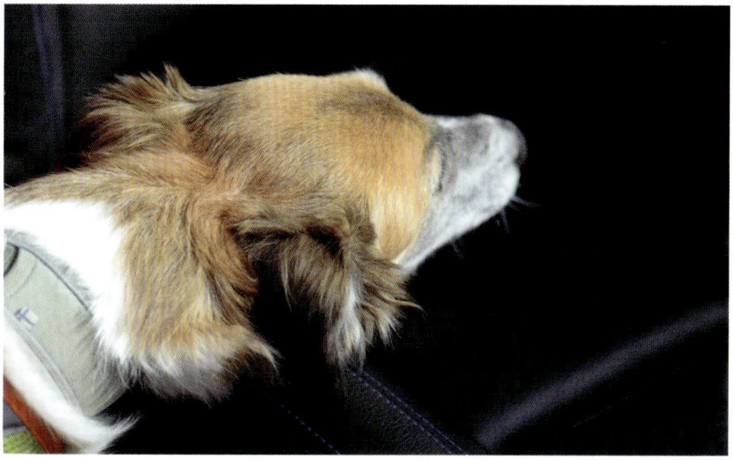

Der Hund verfolgt die Spur vom Auto aus.

24. Feste Umarmung

Schwierigkeitsgrad:
● ● ◐

Vorbereitungen:
Keine

Umgebung:
Ortsunabhängig

Zeitaufwand:
Gering

Ziel: Individualgeruch der Versteckperson (frischester Geruch) von einer anderen Person (Hauptgeruch) anriechen lernen

Materialien: Eine weitere Person neben der Versteckperson

Besonderheiten/Zu beachten: Dem Hund beim ersten Mal genügend Zeit geben, den Unterschied zwischen dem Individualgeruch des „Geruchsträger-Menschen" am Start und Individualgeruch der Versteckperson zu unterscheiden. Wenn der frischeste Geruch von der Versteckperson auf die weitere Person aufgetragen ist, darf an diese Stelle nichts anderes mehr hingeraten.

Anleitung: Je nach Größe des Hundes sollte sich die Versteckperson eine Stelle am Körper der „Geruchsmuster-Person" aussuchen, die der Hund gut erreichen kann und die sich der Hundeführer gut merken kann, so wie auf dem Bild die untere Hosenborte. Hier fasst die Versteckperson die Stelle ca. 30 Sekunden lang an und wird dann in ihr Versteck gebracht.

Das Trailteam führt in einem kleinen Abstand zur Person, die den Individualgeruch der Versteckperson trägt, das Startritual durch und wird dann zum Anriechen an die Hosenborte geführt. Mit dem Finger kann unterstützend der Bereich gezeigt werden, an dem der Hund anriechen soll.

Variationen: Die Versteckperson (frischester Geruch) und eine weitere Person (Hauptgeruch) geben sich die Hand. Der Hund riecht an der Hand der weiteren Person an.

Einsatzrelevanz: Zum Beispiel Suche nach einem Kind, das sich auf der Kirmes von einem Elternteil losreißt und vermisst wird. Es ist kein anderer Geruchsartikel vom Kind verfügbar.

Die Versteckperson umfasst der Hose einer weiteren Person.

Der Hund nimmt den Geruch an der Stelle ab, auf die der Hundeführer zeigt.

Der Hund zeigt die gesuchte Versteckperson an.

25. Gegenstand und los

Schwierigkeitsgrad:
● ○ ○

Vorbereitungen:
Keine

Umgebung:
Ortsunabhängig

Zeitaufwand:
Gering

Ziel: Beobachten, wie lange der Hund sich mit dem Geruchsartikel beschäftigt, wenn er es selbst entscheiden kann.

Materialien: Die Versteckperson benötigt einen Geruchsartikel, der auf dem Boden liegen kann und nicht kaputtgeht.

Besonderheiten/Zu beachten: Vielleicht nicht gerade das Designer T-Shirt verwenden.

Anleitung: Die Versteckperson legt ihren Geruchsartikel auf dem Boden ab, legt einen Trail mit ein bis zwei Entscheidungen und geht in ihr Versteck.

Das Trailteam führt das Startritual kurz vor dem Gegenstand durch und lässt danach den Hund am Gegenstand anriechen. Hier bietet es sich an, bei den Startrichtungen zwischen 90 und 180 Grad zu variieren.

Variationen: Ein kleiner harter Geruchsgegenstand wie eine Münze oder ein Schraubenzieher.

Einsatzrelevanz: Nicht unbedingt in der Vermisstensuche, aber im Deliktbereich könnte es sich zum Beispiel bei einem Einbruch um ein Tatwerkzeug wie einen Hammer handeln, welcher am Tatort zurückgeblieben ist.

Der Hund nimmt so lange Geruch auf, wie er es für notwendig hält.

26. Geruchsartikel Time Warp

Schwierigkeitsgrad:
● ○ ○

Vorbereitungen:
Bei einem Training sammelt man von jedem Teilnehmer einen Geruchsträger ein. Dieser befindet sich am besten in einer Tüte (wichtig: Beschriften mit Datum und Name) und sollte dann ins Glas gegeben werden.

Umgebung:
Ortsunabhängig

Zeitaufwand:
Mittel

Ziel: Herausfinden, ob der Geruchsartikel genauso alt oder frisch sein muss wie die Spur. (Antwort: Nein, muss er nicht.)

Materialien: Tüten, Gläser, Stift zur Markierung „älterer“ Geruchsträger

Besonderheiten/Zu beachten: Die Versteckperson darf den Geruchsartikel nicht nochmals „frisch“ berühren.

Anleitung: Da sich oft im Training die Frage stellt, wie genau zeitlich der Geruchsartikel zur Spur passen muss, kann man das mit dieser Übung überprüfen. Beim nächsten Training wird eine frische Spur mit der Versteckperson gelegt.

Das Trailteam erhält am Startpunkt den „alten“ Geruchsartikel, führt das Startritual durch und lässt den Hund anriechen.

Variationen: Den Geruchsartikel richtig „alt“ werden lassen, am besten mehrere Wochen.

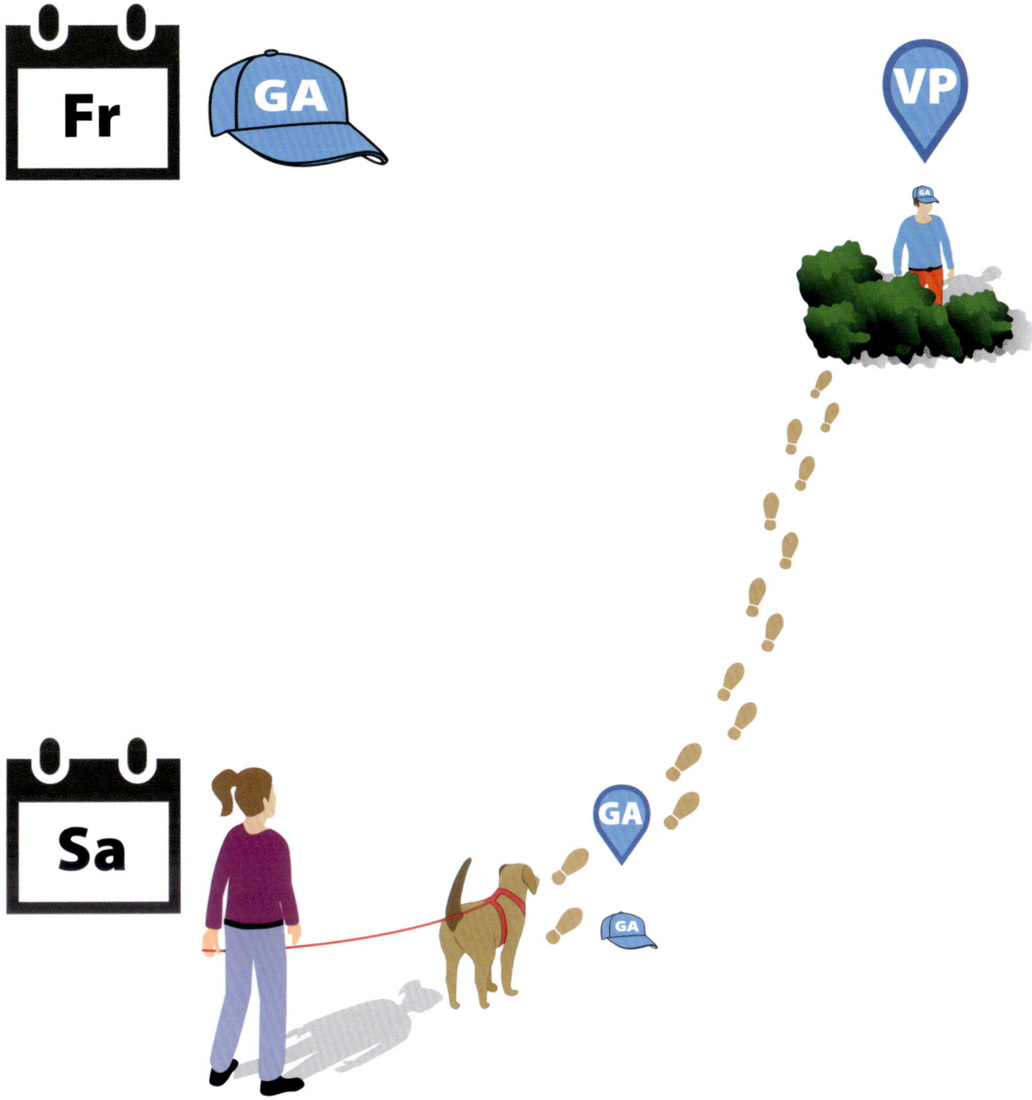
Fr
GA
VP
GA
Sa
GA

Der Geruchsartikel kann sich auch in einer Papiertüte befinden.

Der Hund verfolgt zielstrebig die Spur, auch wenn der Geruchsartikel deutlich älter ist als die Spur.

27. 1, 2 oder 3 – Der Gruppenstart

Schwierigkeitsgrad:
● ● ○

Vorbereitungen:
Keine

Umgebung:
Ortsunabhängig

Zeitaufwand:
Gering

Ziel: Aus drei unterschiedlichen Spuren und drei unterschiedlichen Geruchsartikeln eine verfolgen.

Materialien/Personen: Verschiedenfarbige Löffel, drei mögliche Versteckpersonen, ggf. drei weitere Personen als Helfer

Besonderheiten/Zu beachten: Die Löffel nicht untereinander verwechseln

Anleitung: Jede der drei Versteckpersonen bekommt einen andersfarbigen Löffel und versieht diesen mit ihrem Individualgeruch. Die Trailteams schauen nicht zu, wer welchen Farblöffel hat. Alle drei potenziellen Versteckpersonen werden in unterschiedliche Verstecke gebracht.

Im Startbereich liegen mit Abstand die drei Löffel zur Auswahl. Das erste Team sucht sich den ersten Löffel aus, das zweite Team den zweiten und das dritte Team trailt mit dem dritten Löffel als Geruchsartikel.

Bei sozialverträglichen Hunden kann man die Trails der drei Versteckpersonen gleich legen und nur das Ende – also das Versteck – variieren, dann können alle Teams gleichzeitig starten. Dazu benötigt jedes Team einen Helfer, der zum Beispiel vor Gefahren warnt. Dabei ist es spannend zu beobachten, wie unterschiedlich oder auch ähnlich die Teams den Trailverlauf lösen. Es kann aber natürlich auch nacheinander getrailt werden.

Variationen: Messer, Gabeln

Beide Teams starten zur gleichen Zeit.

Jeder Hund reagiert unterschiedlich auf den ungewöhnlichen Start.

Gemeinsam auf dem Trail ist äußerst spannend.

Der erste Hund, der ankommt, wird mit Abstand zur Versteckperson gefüttert.

28. Kopfkino

Schwierigkeitsgrad:
● ● ○

Vorbereitungen:
Keine

Umgebung:
Man muss auf mehreren Wegen zum Startpunkt gelangen können

Zeitaufwand:
Mittel

Ziel: Der Betriebsblindheit am Start entgegenwirken und genau die Körpersprache des Hundes am Start beobachten

Materialien: Keine

Besonderheiten/Zu beachten: Vorher nicht zu viel verraten – niemand außer dem Trainer kennt die Startrichtung.

Anleitung: Je länger Teams schon trailen, desto häufiger gehen alle einfach so zum Start und starten dann in die Richtung, in die es weitergeht. Oder man startet sowieso vom Parkplatz aus, sodass alle schon unbewusst oder bewusst sehen, in welche Richtung der Start geht.

Hier wird der Trail außer Sicht der Teams gelegt. Auch soll das Team nicht sehen, wo sich der Startpunkt befindet. Der Trail sollte mindestens ein bis zwei Entscheidungen enthalten. Der Hinweg zum Startpunkt erfolgt dann so, dass das Trailteam etwa in einem 180-Grad-Winkel zur Spurrichtung ankommt. Der Hundeführer soll den Hund auch aus dieser Position heraus, also gegen die Spurrichtung, ansetzen, ohne dass ihm gesagt wird, dass dies gegen die Startrichtung ist.

Beim Trailen kann Kopfkino uns immer mal wieder Schwierigkeiten machen.

Da diese Übung nur funktioniert, wenn man sie im Singleblind-Modus durchführt, muss der Trainer das Trailteam eng begleiten. Es muss nämlich unbedingt vermieden werden, dass der Hundeführer aus seiner Gewohnheit heraus „Es geht immer der Nase nach weg vom Start“ den Hund in die falsche Richtung schiebt.

Variationen: Alternativ kann man auch 90 Grad zur Spur am Startpunkt ankommen.

29. Verspätung

Schwierigkeitsgrad:
● ● ○

Vorbereitungen:
Keine

Ungebung:
Ruhiger Startbereich

Zeitaufwand:
Gering

Ziel: Ruhe ins Startritual bringen. Die Merkfähigkeit für den Geruchsartikel erhöhen.

Materialien: Keine

Besonderheiten/Zu beachten: Keine Hektik aufkommen lassen

Anleitung: Der Start beim Trailen ist entscheidend, denn nur, wenn dieser richtig ist, kann das Team erfolgreich finden. Für diese Übung wird ein Trail mit zwei bis drei Entscheidungen ausgelegt. Das Trailteam wird auf der Spur mit einem Geruchsartikel angesetzt. Dabei wird der Hund während des Anriechens am Halsband festgehalten und anschließend direkt mit dem Kommando „Warten“ in eine kurze Pause gesetzt, dann ein paar Meter von der Spur fortgeführt und anknüpfend mit dem Startkommando zur Weiterarbeit aufgefordert.

Man kann den Hund in dieser Übung auch an einem „festen Geruchsartikel“ anriechen lassen wie z.B. einem Laternenpfahl, den die VP angefasst hat und von dem die Spur wegführt. Dennoch kann man nach dem Anriechen ein Stück von der Spur weggehen und erst dann das Startkommando geben.

Variationen: Der Zeitraum und die Entfernung zwischen Anriechen und dem Startkommando können noch weiter ausgedehnt werden.

Einsatzrelevanz: Direkt beim Anriechen kommt eine neue Sichtung der vermissten Person rein und der Ansatzpunkt des Hundes muss verlegt werden.

Nach dem Anriechen des Geruchsartikels wird eine längere Pause gemacht.

30. Pfützentrail

Schwierigkeitsgrad:
● ● ○

Vorbereitungen:
Keine

Umgebung:
Ortsunabhängig

Zeitaufwand:
Mittel

Ziel: Aufzeigen, welche verrückten Geruchsartikel (hier: Wasserpfütze) funktionieren und beobachten, wie unterschiedlich nah bzw. weit weg vom Geruchsartikel der Hund den Geruch aufnimmt.

Materialien: Eine Pfütze (Wasser)

Besonderheiten/Zu beachten: Dem Hund die freie Entscheidung lassen, wie nah er mit seiner Nase an das Wasser gehen möchte.

Anleitung: Die Versteckperson hält ihre Hand für ca. 20–30 Sekunden in die Pfütze und geht von dort mit ein bis zwei Entscheidungen ins Versteck.

Das Trailteam führt sein Startritual ca. einen Meter vor der Pfütze aus. Im Anschluss daran wird der Hund an die Pfütze geführt und mit dem Finger auf den Bereich gezeigt, wo er den Individualgeruch der Versteckperson aufnehmen soll. Dabei kann es zu einem Start in Startrichtung, aber auch in alle anderen Richtungen kommen.

Variationen: Mit einem halben bis einem Liter Wasser kann man selbst in einer kleinen Senke eine Pfütze entstehen lassen.

! ***Tipp:*** Auf dem Foto siehst du, mit wie viel Abstand der Hund in der Lage ist, den Geruch aufzunehmen.

Die Versteckperson hinterlässt ihren Individualgeruch in einer Pfütze.

Der Hund riecht an der Pfütze an.

Die Versteckperson badet ihre Hand in der Pfütze.

Beim Anriechen wählt der Hund selbst den Abstand zum Wasser.

31. Phantomtrail

Schwierigkeitsgrad:
● ● ○

Vorbereitungen:
Keine

Umgebung:
Ortsunabhängig

Zeitaufwand:
Gering

Ziel: Negativ am Start kennenlernen: Zum Geruchsartikel gibt es keine Spur im Startbereich.

Materialien: Geruchsartikel von einer Person, die nie am Trainingsort war

Besonderheiten/Zu beachten: Penibel darauf achten, dass der Geruchsartikel nicht mit Fremdgeruch kontaminiert ist. Den Hund nicht auf einen Ghost-Trail drücken.

Anleitung: Das Trailteam erhält einen „negativen“ Geruchsartikel, sprich einen, dessen Geruch nicht im Startbereich zu finden ist. Ab dem Anriechen gilt es, den Hund genau zu beobachten: Wie reagiert er? Zeigt er Übersprungshandlungen wie über die Lefze schlecken, bellen, sich kratzen oder privat schnüffeln? Schaut er den Hundeführer an? Oder setzt er sich ab?

Ist es das erste Mal für den Hund, dass er einen negativen Geruchsartikel erhalten hat, kann man ihn relativ schnell für dieses Zeichen belohnen und die „Arbeit“ beenden. Hat der Hund schon häufiger ein Negativ gearbeitet, kann man ihn ruhig noch einmal schicken, um das Ganze zu überprüfen.

Wie groß die Belohnung für das durchgeführte Negativ ausfällt, muss jeder für sich und je nach Hund selbst entscheiden. Ebenfalls, ob man noch einen „Positiv-Trail“ im Anschluss arbeiten möchte oder nicht.

Variationen: Auch beim Negativ-Training sollte man die unterschiedlichsten Geruchsartikeltypen verwenden. Also zum Beispiel nicht immer ein Taschentuch, sondern auch mal einen Stein oder eine Kastanie als Geruchsträger verwenden.

Einsatzrelevanz: Für Einsatzteams ist Negativtraining unglaublich wichtig, da man im Ernstfall zu keiner Zeit weiß, ob es sich zum Beispiel an gemeldeten Sichtungspunkten der vermissten Person wirklich um einen Spurverlauf handelt oder nicht.

Hund riecht an einem Geruchsartikel an, zu dem es keine Spur an dem Ort gibt.

Die Körpersprache des Hundes hat keine Spannung.

Schütteln kann eine Übersprungshandlung sein, mit der der Hund anzeigt, dass er keine zum Geruchsartikel passende Spur findet.

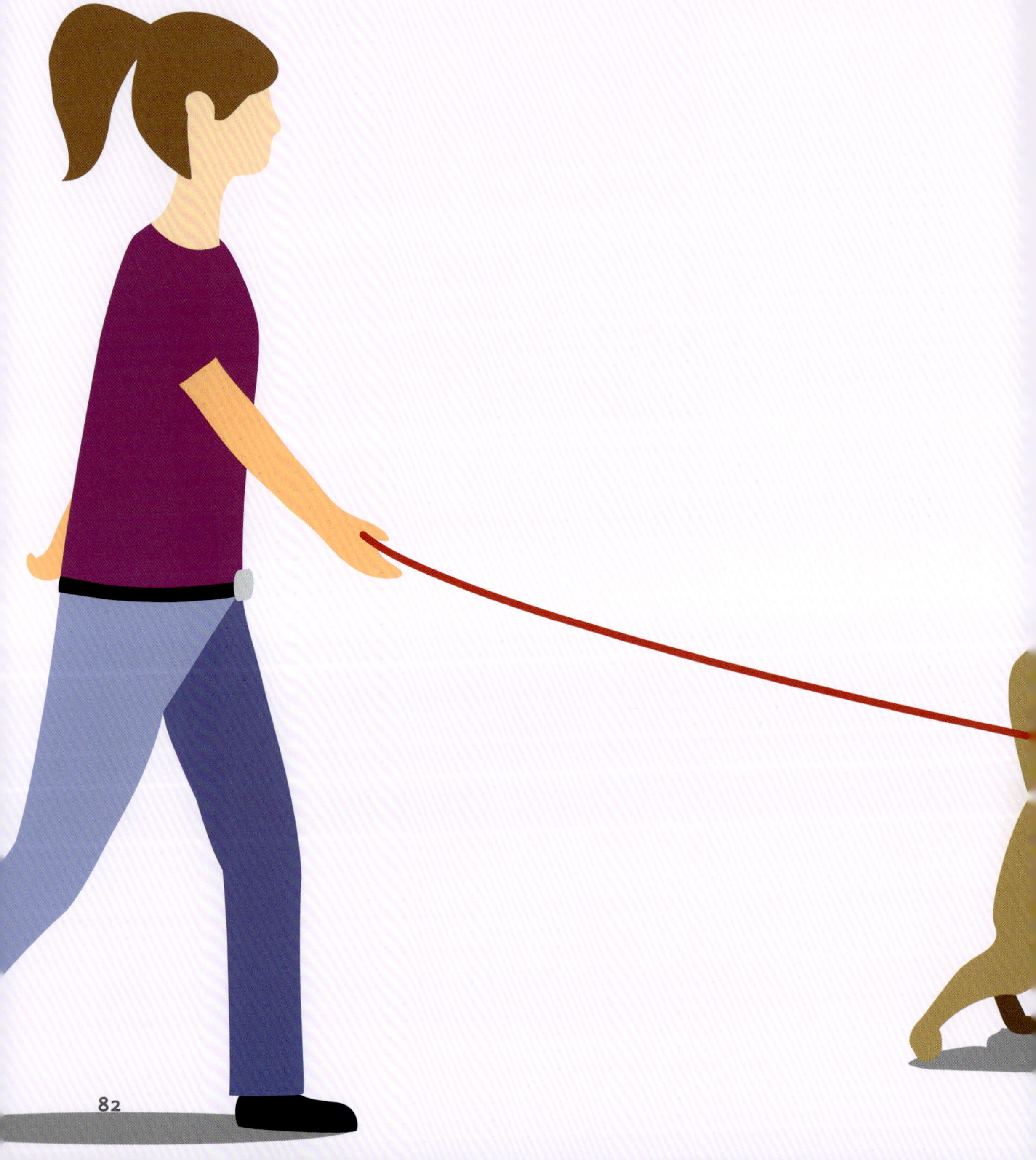

Herausforderungen im Mittelteil der Spur

32. Süße Verteilung

Schwierigkeitsgrad:
● ● ○

Vorbereitungen:
Keine

Ungebung:
Ortsunabhängig

Zeitaufwand:
Gering

Ziel: Bewusst am Thema Verleitung arbeiten. Es zählt immer nur die Person, die den Geruchsartikel zur Verfügung gestellt hat und nicht irgendeine x-beliebige Person, auf die der Hund unterwegs trifft. Nur die Nase, nicht die Augen des Hundes können diese Aufgabe lösen.

Materialien/Personen: Mindestens eine Verleitperson

Besonderheiten/Zu beachten: Die Verleitperson darf den Geruchsartikel auf keinen Fall kontaminieren.

Anleitung: Neben der Versteckperson wird noch eine weitere Person – die Verleitperson – mit zum Auslegen des Trails genommen und etwa auf der Hälfte des Trailverlaufs gebeten, an Ort und Stelle zu warten. Anschließend wird die Versteckperson noch mindestens nach einer weiteren Entscheidung in ihr Versteck gebracht. Die zurückgebliebene Verleitperson bekommt die Anweisung, sich möglichst neutral zu verhalten, wenn der Hund in ihre Nähe kommt – also weder den Hund offensiv anzuschauen noch zu sehr abgewandt zu erscheinen.

Der Hund trifft unterwegs auf eine Verleitperson.

Das Trailteam wird am Startpunkt angesetzt. Kommt man in die Nähe der Verleitperson, verhalten sich alle so, als ob sie diese nicht wahrnehmen würden. Versucht der Hund, die Verleitperson dennoch anzuzeigen, fordert man ihn auf, nochmals genauer zu schauen. Für das Weitertrailen an der Verleitperson vorbei erhält der Hund verbal eine positive Verstärkung, zum Beispiel durch ein kurzes Lob. Kann sich der Hund nicht so richtig von der Verleitperson lösen, sollte sich der Hundeführer körpersprachlich selbst ein wenig vom Objekt der Begierde wegdrehen. Ansonsten legt man selbst zu sehr den Fokus auf die Verleitperson.

Variationen: Mehrere menschliche Verleitungen unterwegs platzieren. Ebenso kann der Trainer beim Auslegen gut mit der Platzierung der Versteckperson spielen, z.B. näher an den Startbereich oder eher kurz vor der Versteckperson. Wenn die Aufgabe für ein Team anfangs sehr schwierig ist, weil der Hund sehr „augenaffin" arbeitet, kann man beim ersten Mal die Verleitperson nicht direkt auf den Trail stellen, sondern eher zum Beispiel auf die andere Straßenseite.

! ***Tipp:*** Es ist ein Unterschied, ob der Hund die Verleitperson kennt oder nicht. Daher kann es ebenfalls spannend sein, genau diese Beobachtung für den Hundeführer bzw. die Gruppe als Aufgabe zu stellen.

33. Tierische Verleitung

Schwierigkeitsgrad:
● ● ○

Vorbereitungen:
Keine

Umgebung:
Ortsunabhängig

Zeitaufwand:
Gering

Ziel: Bewusst trainieren, wie der Trailer mit einem anderen Hund unterwegs umgeht.

Materialien: Eine Verleitperson mit Hund (dieser sollte ein eher relaxter Hund sein)

Besonderheiten / Zu beachten: Die Sozialverträglichkeit beider Hunde sollte gewährleistet sein. Anderenfalls kann jederzeit mit Maulkorb getrailt werden.

Anleitung: Neben der Versteckperson geht hier noch zusätzlich ein Hund-Mensch-Team, das die Rolle der Verleitung übernimmt, vom Start weg. Unterwegs bleibt dieses Team im Trailbereich stehen. Der Hund sollte an kurzer Leine beim Besitzer sitzen. Die Versteckperson wird außer Sicht noch ein bis zwei Entscheidungen weiter gebracht.

Das Trailteam wird im Startbereich angesetzt und verfolgt die Spur. Kommt es in die Nähe der tierischen Verleitung, ist erhöhte Konzentration gefragt. Alle Beteiligten sollen sich wieder möglichst neutral verhalten. Trailt das Team einfach vorbei, gibt es ein kurzes Lob. Generell sollte immer auf genügend Abstand zwischen den Hunden geachtet werden. Ist das Verleitungsteam zu interessant und

Der Hund trifft unterwegs auf einen anderen Hund.

dem trailenden Hund fällt es schwer, sich loszueisen, ist es empfehlenswert, sich als Hundeführer wegzudrehen, um den Fokus von der Verleitung zu lösen und den Hund motivierend aufzufordern, weiter zu trailen. Hilft dies nicht, kann man auch kurz „Pause" sagen, den Hund am Halsband an der Verleitung vorbeiführen und dahinter erneut zur Weiterarbeit auffordern.

Variationen: Das Verleitungsteam kann sich, anstatt auf dem Trail zu stehen, auch wie bei einem normalen Spaziergang bewegen und entweder dem Trailteam auf der Spur entgegenkommen oder auf derselben in Richtung des Trailverlaufs gehen.

! ***Tipp:*** Diese Übung ist besonders geeignet für Teams, die sich eigentlich immer etwas davor fürchten, unterwegs Artgenossen zu treffen. Hier kann das Hund-Mensch-Team kontrolliert daran arbeiten. Oft stellt sich sogar heraus, dass sich das „Problem" eher im Kopf des Hundeführers befunden hat und gar nicht so groß war wie befürchtet.

34. „Unterwegspool"

Schwierigkeitsgrad:
● ● ◐

Vorbereitungen:
Vorab-Planung, wo sich der Pool gut legen lässt.

Umgebung:
Ortsunabhängig

Zeitaufwand:
Mittel

Ziel: Erlernen, dass es nicht nur einen Endpool gibt, sondern auch unterwegs auf dem Trail eine Anhäufung von Geruch vorkommen kann und wie man sich aus diesem „Unterwegspool" wieder herausarbeitet.

Materialien: Keine

Besonderheiten/Zu beachten: Der Hund soll den Ausgang aus dem Unterwegspool selbständig finden und nicht herausgedrückt werden.

Anleitung: Die Versteckperson startet den Trailverlauf wie immer, verweilt dann aber unterwegs eine Zeit von mindestens 15 Minuten an einem Ort – je länger, desto besser. Danach geht sie noch mindestens eine Entscheidung außer Sicht. Den Eingang in den Pool und den Ausgang aus dem Pool sollte der Flanker sich gut merken. Dazu kann er sich an einer analogen Uhr orientieren. Man geht zum Beispiel bei 18 Uhr hinein und bei 12 Uhr wieder heraus.

Körpersprachlich sieht ein Unterwegspool oft wie eine „Hochwindnase" aus.

Das Trailteam wird im Startbereich angesetzt. Kommt es in die Nähe des Pools, kann man beim trailenden Hund ein ähnliches Verhalten wie beim Endpool beobachten. Seine Körpersprache kann ein wenig wie beim Arbeiten von Hochwind, also die Nase in die Luft strecken, aussehen. Trifft er dann auf den Ausgang des Pools, verändert sich seine Körpersprache wieder in die des Spurverhaltens. Wichtig ist, dem Hund bei dieser Aufgabe Raum und Zeit zum Erkennen der neuen Herausforderung zu geben. Findet er den Ausgang nicht, kann der Hundeführer ihn natürlich unterstützen, indem er ihm beispielsweise bestimmte Richtungen zum Ausarbeiten anbietet, ohne ihn dabei zu drücken.

Variationen: Die Versteckperson kann unterwegs mehr als einen Unterwegspool legen.

! ***Tipp:*** Man kann auch gut einen Endpool eines Trails verwenden, welcher durch ein anderes Trailingteam entstanden ist und einfach von dort den Trail für das nächste Team weiterlegen.

Einsatzrelevanz: Wenn eine vermisste Person länger unterwegs ist, wird sie zwischendurch immer mal wieder pausieren. Dadurch entsteht an diesen Stellen ein Unterwegspool.

35. Auszeit

Schwierigkeitsgrad:
● ○ ○

Vorbereitungen:
Keine

Umgebung:
Egal, einfacher ist es aber ohne offene Flächen.

Zeitaufwand:
Gering

Ziel: Pause und Unterbrechung aktiv üben und nicht immer nur dann, wenn es nicht gut läuft.

Materialien: Keine

Besonderheiten/Zu beachten: Die ersten Pausen sollten eher kurz sein.

Anleitung: Es wird ein normaler Trail gelegt. Gibt es im Trainingsgebiet schmale Gässchen oder Wege, kann man diese für die Übung gut verwenden. Der Trailverlauf sollte mindestens drei bis vier Entscheidungen beinhalten.

Bevor das Trailteam losgeht, sollten alle kurz gemeinsam besprechen, wie man während des Trailens eine geplante Pause machen kann. In dieser Übung wird die Pause dann gemacht, wenn es gerade richtig gut läuft, der trailende Hund also gutes Spurverhalten zeigt. Zu diesem Zeitpunkt sollte Hundeführer nicht allzu weit vom Hund entfernt, also der Leinenabstand eher gering sein. Der Hundeführer benötigt ein Wort, um die Pause einzuläuten, wie beispielsweise „warte". Damit der Hund nicht gleich weiterläuft, greift man ins Halsband oder Geschirr. Nach einer kurzen Zeit fordert der Hundeführer den Hund zur weiteren Arbeit auf und lässt das Halsband/Geschirr wieder los. Hierzu verwendet er die Worte, die er immer zur Aufnahme der Arbeit nennt.

Variationen: Mehr als eine Pause auf dem Trail einbauen. Diese sowohl dann einlegen, wenn der Hund auf der richtigen Spur ist als auch dann, wenn sich das Team nicht mehr auf dem Trail befindet, damit der Hund nicht ungewollt lernt, dass Pause immer „ich bin falsch" bedeutet.

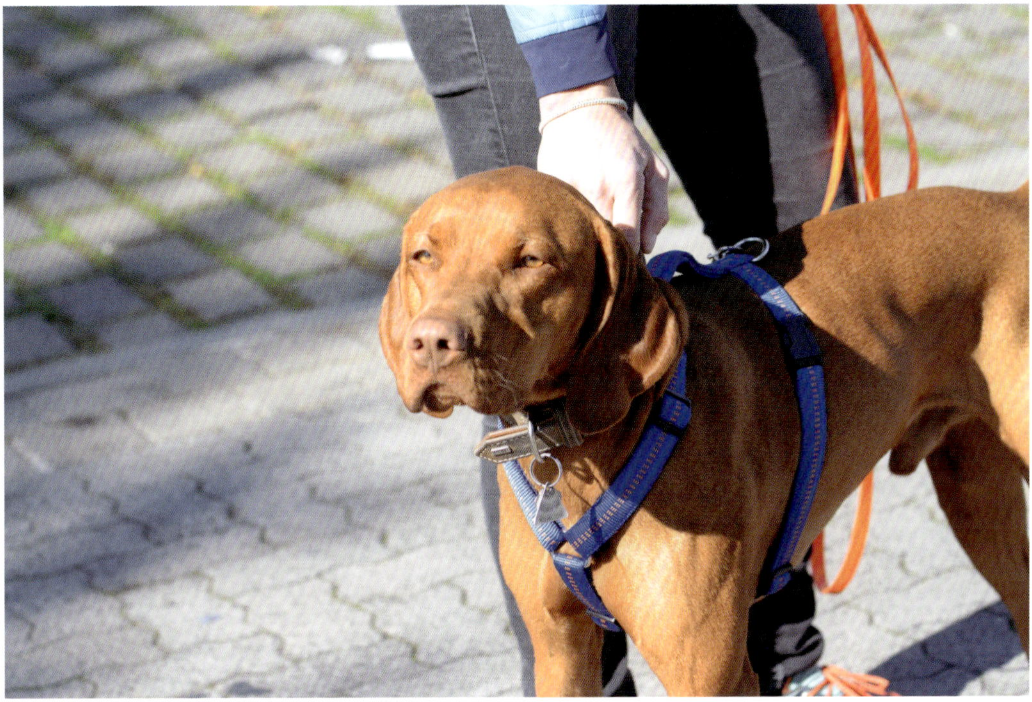

Warten auf dem Trail sollte regelmäßig geübt werden.

Der Griff ins Halsband unterstützt das Warten.

36. Straßenseitenwechsel

Schwierigkeitsgrad:
● ● ○

Vorbereitungen:
Keine

Umgebung:
Ein Gebiet mit langen „Geradeausstrecken" (es funktioniert außerdem in jedem anderen Umfeld) und einer möglichst breiten Straße.

Zeitaufwand:
Gering

Ziel: Jederzeit mit einem Richtungswechsel rechnen. Genaues Beobachten der Körpersprache des Hundes.

Materialien: Keine

Besonderheiten/Zu beachten: Bei mehreren Straßenseitenwechseln sollten diese nicht so eng aufeinander folgen.

Anleitung: Oft kommt man in Gebiete, in denen es nicht so viele Abbiegemöglichkeiten gibt. Dazu besteht noch die Gefahr, dass die Teams, wenn der Trailverlauf immer nur an Abzweigungen oder Kreuzungen einen Richtungswechsel vornimmt, nur dort wirklich aufmerksam sind. Deshalb sollten Trails zwischendurch immer wieder mal durch einen Straßenseitenwechsel ergänzt werden.

Der Straßenseitenwechsel sollte regelmäßig trainiert werden.

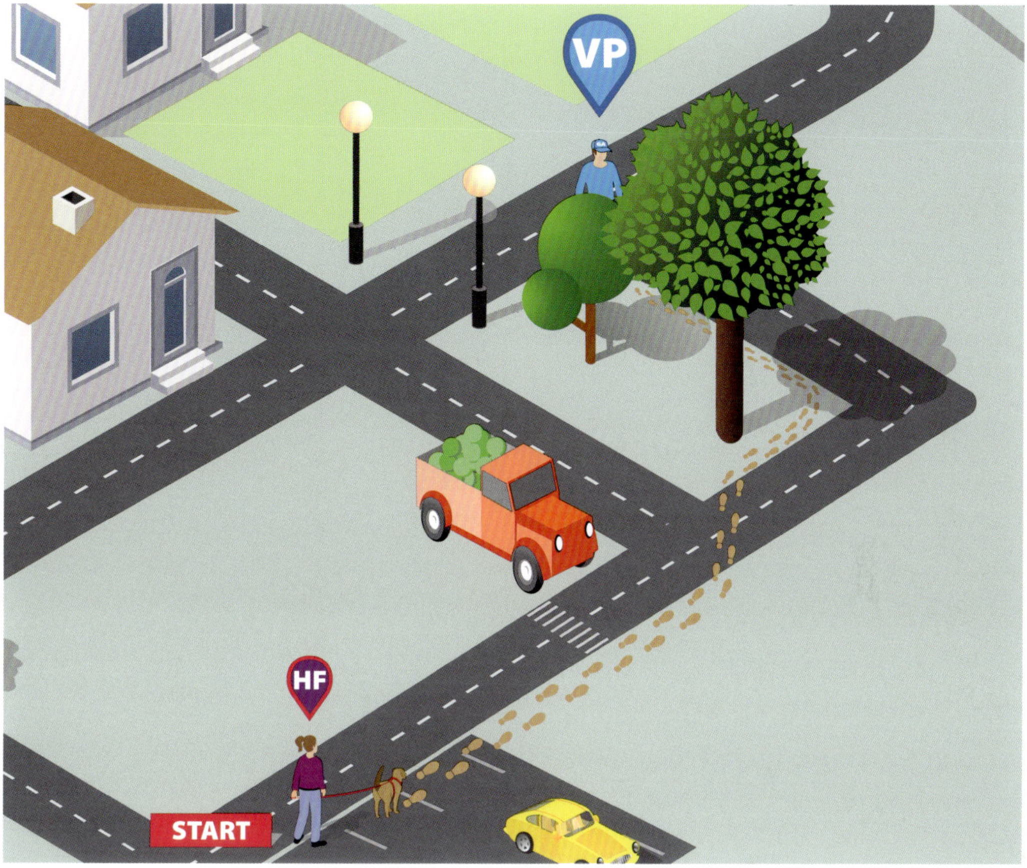

Der Trail wird wie immer gestartet. An einer Straße mit einer längeren Strecke ohne mögliche Abzweigungen wechselt die Versteckperson von der einen zur anderen Straßenseite. Am besten merkt der Flanker sich für den Straßenseitenwechsel hierzu die Hausnummer, eine Straßenlaterne oder ein Schild. Dann verläuft der Trail auf der anderen Straßenseite und sollte im Anschluss noch mindestens eine Abbiegung beinhalten. Die Versteckperson sollte außer Sicht sein.

Das Trailteam wird am Start angesetzt. In der Straße mit dem Straßenseitenwechsel gilt es, den Hund genau zu beobachten. Fängt er an zu pendeln? Oder zeigt er erst das Ende des Geruches durch Austauchen des Kopfes an?

Je nach Hundetyp wechselt der Trailer kurz vor der gelaufenen Spur, direkt auf der Spur oder kurz danach die Straßenseite.

Variationen: Mehrere Straßenseitenwechsel einbauen.

37. DNA-Trail

Schwierigkeitsgrad:
● ● ○

Vorbereitungen:
Man benötigt einen Weg, den die Versteckperson vorher gegangen ist.

Umgebung:
Ein Gebiet mit langen „Geradeausstrecken“ (es funktioniert überdies in jedem anderen Umfeld) und einer möglichst breiten Straße.

Zeitaufwand:
Mittel

Ziel: Der Trailer soll sich nicht durch alte Spuren verleiten lassen.

Materialien: Keine

Besonderheiten/Zu beachten: Sich genau merken, wo die älteren Spuren liegen.

Anleitung: Dieser Trail benötigt Straßenüberquerungen in zwei Richtungen, die sich inmitten der Straße kreuzen. So entsteht quasi das Bild einer DNA (siehe Skizze).

Die Versteckperson geht auf der linken Straßenseite einige Meter geradeaus. Bei einem gut zu merkenden Punkt, wie z. B. einem Gartentor oder einem Straßenschild, wechselt sie die Straßenseite auf den rechten Gehweg und geht dort weiter. Der Seitenwechsel kann diagonal erfolgen.

Am Ende der Straße geht die Versteckperson wieder über die Straße auf den linken Gehweg (hier ist später der Startpunkt für das Trailteam) und geht geradeaus weiter. Sie wechselt nun an der sich gemerkten Stelle wieder die Straße auf den rechten Gehweg. Dann geht sie geradeaus, wechselt noch mindestens einmal die Richtung und geht außer Sicht ins Versteck.

Das Trailteam wird auf dem linken Gehweg angesetzt. Der Schwerpunkt liegt auf der Beobachtung zweier Dinge: Wie erarbeitet sich der Hund den Straßenseitenwechsel und bemerkt er die „alte Spur“ bzw. wie reagiert er auf die frische Spur? Dies muss er nicht körpersprachlich zeigen. Wichtig ist nur zu wissen: Je mehr alte Spuren unter dem frischen Trail liegen, desto mehr hat der Trailer zu arbeiten und zu unterscheiden. Das bedeutet ggf. mehr Zeitaufwand.

Variationen: Noch mehr alte Spuren als Verleitung darunterlegen.

! ***Tipp:*** Für das erste Team einen Straßenseitenwechsel legen und diese „alte Spur“ dann für diese Übung verwenden.

Mit einer darunterliegenden älteren Spur ist der Straßenseitenwechsel noch ein wenig schwieriger.

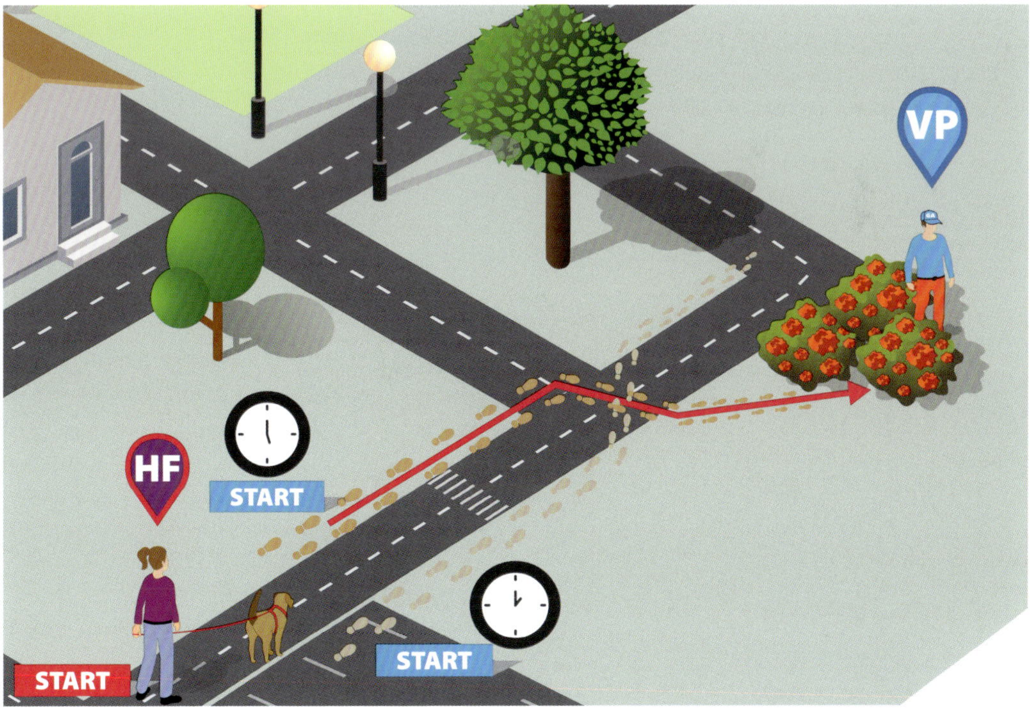

38. Farbspiel

Schwierigkeitsgrad:
● ◐ ○

Vorbereitungen:
Keine

Umgebung:
Eine Umgebung, die sowohl eine Grünfläche (grün) als auch Asphalt (grau) beinhaltet.

Zeitaufwand:
Mittel

Ziel: Untergrundwechsel aktiv üben. Beobachten der Körpersprache des Hundes auf verschiedenen Untergründen.

Materialien: Keine

Besonderheiten / Zu beachten: Die Grünfläche sollte bei noch nicht so geübten Hunden nicht gerade eine Haupt-Gassi-Strecke sein.

Anleitung: Einen Untergrundwechsel kann man in Wald und Stadt, aber auch über erlaubte Grünstreifen im Wohngebiet legen. Denn manchmal ist gerade dann, wenn ein Team zu Beginn viel auf „Grün", also in Wald und Flur getrailt hat, ein Untergrundwechsel mitten auf dem Trail nicht ganz so einfach zu lösen. Als Trailgebiet wird eins herausgesucht, welches beide Untergründe hat. Je mehr Routine der Trailer im Wechsel des Untergrundes hat, umso besser.

Das Trailteam wird im Startbereich angesetzt und anschließend im Bereich des Untergrundwechsels genau beobachtet. Gibt es Unterschiede in der Körpersprache bei „Grün" und „Grau"?

Variationen: Nicht nur einmal auf dem Trail den Untergrund wechseln, sondern mehrfach. Mal auf „Grün" starten und dann auf „Grau" wechseln. Beim nächsten Mal umgekehrt.

! ***Tipp:*** Stellt ein Untergrundwechsel eine größere Herausforderung dar, kann man über diesen Bereich sehr gut einen sogenannten Motivation Trail legen. Also kurz, knackig und mit einem schnellen Fund nach dem Wechsel des Untergrundes.

Ein Wechsel von Grau (Asphalt) auf Grün (Wiese).

Ein Wechsel von Grün (Wiese) auf Grau (Asphalt).

Das Farbspiel kann mehrmals auf dem Trail vorkommen.

39. Querfeldein

Schwierigkeitsgrad:
● ◐ ○

Vorbereitungen:
Keine

Umgebung:
Wohnumfeld, das betretbare Wiesen oder Brachland beinhaltet, alternativ Wald.

Zeitaufwand:
Gering

Ziel: Die Konzentration während des gesamten Trails aufrecht halten und nicht nur bei Abzweigungen oder Kreuzungen

Materialien: Keine

Besonderheiten/Zu beachten: Den Hund genau beobachten und nicht in das Querfeldein hineinschieben.

Anleitung: Der Trail wird in einem Wohnumfeld oder Wald so gelegt, dass er zu irgendeinem Zeitpunkt querfeldein geht, also entweder im Wald den Waldweg verlässt und mitten durch die Bäume führt oder im Wohnumfeld quer über eine Wiese verläuft. Dabei ist immer zu beachten, dass wir Mantrailer im Training bei jeder Umgebung nur zu „Besuch" sind und wir daher beim Auslegen und Suchen der Trails nichts zerstören oder stören.

Bei dieser Aufgabe besteht die Herausforderung für den Hund und den Hundeführer zum einen darin, den Richtungswechsel zu erkennen, der ins Querfeldein führt, und zum anderen anschließend das Querfeldeingebiet, das einer offenen Fläche gleichen kann, zu erarbeiten.

Variationen: Das Querfeldein kann ebenfalls direkt im Startbereich liegen oder noch eine weitere Herausforderung beinhalten, wie zum Beispiel eine liegende Person in einer hochgewachsenen Wiese oder im Wald auf einem Hochsitz.

Beim Querfeldein fehlt die Orientierung, z.B. durch einen Fußweg.

Auch das Abbiegen kommt hier manchmal ganz spontan.

40. Sackgasse

Ziel: Einen sogenannten Backtrail oder auch ein „Hin-und-Zurück“ laufen

Materialien: Keine

Besonderheiten/Zu beachten: Der Backtrail sollte auf jeden Fall einige Meter (mindestens 30 – 50 Meter in eine Richtung) lang sein.

Anleitung: Der Trail wird bis zur ersten Abzweigung gelegt. Dann folgt die Einbahnstraße (oder ein normale Straße). Dort geht die Versteckperson hinein, läuft 30 – 50 Meter in eine Richtung und auf dem gleichen Weg wieder zurück. Anschließend den Trail noch ein bis zwei Abzweigungen oder geradeaus legen und die Versteckperson außer Sichtweite bringen.

Schwierigkeitsgrad:
● ● ○

Vorbereitungen:
Keine

Umgebung:
Ein Trailgebiet mit Einbahnstraße. Es geht aber auch ohne, dann wird ein Bereich mit mehreren Abzweigungen benötigt.

Zeitaufwand:
Mittel

Der Hund prüft, wo die Spur herein- und anschließend direkt wieder herausführt.

Das Trailteam wird am Start angesetzt. Kommt es an der Sackgasse an, kann man ähnlich wie beim 90-Grad-Starten körpersprachlich erkennen, dass der Hund zeigt, woher die Spur kommt und wohin sie geht. Ebenso ist hier ein Zeitsprung der Spur erkennbar. Daher kann es sein, dass der Hund im Anschluss an die Sackgasse ein wenig zügiger trailt.

Variationen: Die Länge des Backtrails variieren und somit den Zeitunterschied zwischen dem Hin- und Rückweg unterschiedlich groß gestalten.

Einsatzrelevanz: In der Vermisstensuche geht es in erster Linie darum, die Person möglichst schnell zu finden, deshalb sind „überflüssige" Wege zu vermeiden und immer der frischeste Weg zu laufen.

Herausforderungen am Ende des Trails

41. Y-Trail

Schwierigkeitsgrad:
● ● ○

Vorbereitungen:
Keine

Umgebung:
Der Zielbereich sollte etwas breiter sein

Zeitaufwand:
Gering

Ziel: Aus zwei Spuren die passende Person zum Geruchsartikel finden und sich nicht durch die Augen verleiten lassen.

Materialien/Personen: Zusätzlich zur Versteckperson eine Verleitperson

Besonderheiten/Zu beachten: Die Verleitperson darf den Geruchsartikel nicht kontaminieren.

Anleitung: Bei dieser Übung handelt es sich um ein Personen-Splitting. Beide – Versteckperson und Verleitperson – gehen gemeinsam am Startpunkt los, laufen mindestens ein bis zwei Entscheidungen und trennen sich am Ende des Trailverlaufes: Einer geht an den rechten und einer an den linken Rand des Weges. Dabei sollte zwischen den beiden zwei bis drei Leinenlängen Abstand sein. Das Ganze sieht gelaufen ungefähr aus wie der Buchstabe „Y". Beim Auslegen sollte man sich gut den Trennungspunkt der beiden Personen merken.

Das Trailteam wird am Start angesetzt. Am Trennungspunkt kann man nun genau beobachten, ob der Hund körpersprachlich im Geruch (Versteckperson) oder auf Sicht (Verleitperson) arbeitet. Die Übung sollte nicht mit zu hohem Tempo gearbeitet werden, damit es nicht zu einer Fehlanzeige bei der Verleitperson kommt.

Variationen: Man kann beide Personen am Ende des Trails außer Sicht verstecken (einfachste Version) oder die Versteckperson ist versteckt, während die Verleitperson außerhalb des Geruchs der Versteckperson auf Sicht steht.

! ***Tipp:*** Oft erkennen wir Unterschiede im Verhalten des Hundes je nachdem, ob man zwei Mal das gleiche Geschlecht auslegt oder zwei unterschiedliche oder auch je nachdem, ob beide Personen dem Hund geruchlich bekannt oder unbekannt sind.

VL
VP
HF
GA
START
Y

VP und VL stehen beide auf Sicht.

VP ist versteckt. VL steht auf Sicht.

VP und VL sind beide versteckt.

Sowohl Versteckperson als auch Verleitperson sind zu sehen.

42. Wäscheklammer-Paarung

Schwierigkeitsgrad:
● ● ◐

Vorbereitungen:
Drei Personen bekommen jeweils zwei gleichfarbige Wäscheklammern und jede belegt eine davon mit Geruch.

Umgebung:
Möglichst ruhiger Startbereich mit der Möglichkeit, die Wäscheklammern abzulegen.

Zeitaufwand:
Mittel

Ziel: Splitting, ohne am Start zu wissen, wer die Versteckperson ist.

Materialien/Personen: 3x2 unterschiedlich farbige Wäscheklammern, vier Personen

Besonderheiten/Zu beachten: Keine Kontamination zwischen den Geruchsartikeln der einzelnen Personen.

Anleitung: Die drei Personen legen im Startbereich mit genügend Abstand ihre mit Individualgeruch versehenen Wäscheklammern ab. Eine vierte Person bewacht die Wäscheklammern während des Auslegens. Die drei Personen verstecken ihre zweite, farblich passende Wäscheklammer in einer Tasche. Nach zwei bis drei Entscheidungen stellen sich die drei Personen als Splitting am Ende des Trails auf. Da alle drei nicht wissen, ob sie als Versteckperson am Start ausgewählt werden, verhalten sie sich meist anders als dann, wenn sie es wüssten.

Am Startpunkt wählt das erste Trailteam eine Wäscheklammer als Geruchsartikel aus, lässt nach dem Startritual den Hund an der Klammer anriechen und entfernt diese aus dem Startbereich. Am Ende des Trails kann dann überprüft werden, ob der Hund mit seiner Nase richtig lag, indem man schaut, ob die Wäscheklammern farblich übereinstimmen. Anschließend können dann zwei weitere Teams mit den jeweils übriggebliebenen Wäscheklammern trailen. Auch wenn am Start dann nur noch weniger Auswahl besteht, stehen immer noch drei Personen am Ende des Trails zur Auswahl.

Variationen: Am Ende des Trails können drei Personen eine Differenzierung aufstellen. Ebenso können mehr als drei Personen am Ende des Trails positioniert werden.

Die Wäscheklammern werden von den jeweiligen Personen mit genügend Abstand abgelegt.

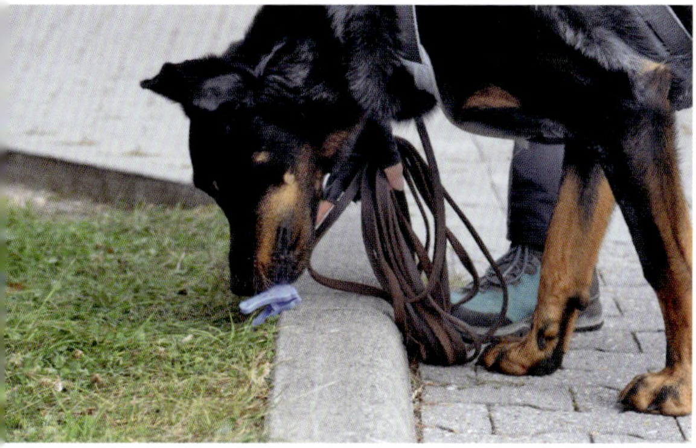

Der Hundeführer sucht sich eine Wäscheklammer aus und lässt den Hund an dieser anriechen.

Der Hund macht sich auf die Suche nach der richtigen Versteckperson.

Der Hund zeigt die Versteckperson an.

Die Wäscheklammer zeigt, ob er die richtige Person gefunden hat.

43. Lose ziehen

Schwierigkeitsgrad:
● ● ●

Vorbereitungen:
Die Gläser mit drei der vier Geruchsartikeln befüllen und so beschriften, dass das Trailteam keinen Rückschluss darauf ziehen kann, ob es sich um ein Positiv oder Negativ handelt.

Umgebung:
Ortsunabhängig

Zeitaufwand:
Mittel

Ziel: Damit umgehen lernen, dass man nicht weiß, ob es eine passende Spur zum Geruchsartikel gibt oder nicht.

Materialen: Drei Gläser, die man beschriften kann. Drei Negativ-Geruchsartikel (= kein Geruch vor Ort – können von derselben Person sein), ein Positiv-Geruchsartikel mit einem Geruch, der vor Ort ist.

Besonderheiten/Zu beachten: Sehr sauber arbeiten. Keine Kontamination der Geruchsartikel untereinander.

Anleitung: Es werden zwei Gläser mit einem Positiv-Geruchsartikel und eins mit einem Negativ-Geruchsartikel gefüllt. Die Gläser zur eindeutigen Zuordnung beschriften – die Positiven beispielsweise mit Worten, die mit P beginnen wie Pinguin und die Negativen zum Beispiel mit Nashorn. Dann wird die Spur mit der zum Positiv-Geruchsträger gehörenden Versteckperson ausgelegt.

Vor dem Start darf der Hundeführer nun ein Glas ziehen. Zieht er einen Negativgeruch, kann er im Anschluss an die Arbeit gut auch noch den Positiv-Geruchsartikel arbeiten.

Variationen: Drei Negativ-Geruchsartikel in den drei Gläsern oder drei Positiv-Geruchsartikel.

Der Hundeführer wählt seinen Geruchsartikel selbst.

44. Die Drei von der Differenzierung

Schwierigkeitsgrad:
● ● ○

Vorbereitungen:
Keine

Umgebung:
Am Ende des Trails sollte sich zum Beispiel eine Wand oder Mauer befinden, da es dort windstill sein soll. Offene Flächen sind daher hier ungeeignet.

Zeitaufwand:
Mittel

Ziel: Den richtigen Geruch zum Geruchsartikel finden, wobei mindestens eine Verleitung im Geruch der Versteckperson steht.

Materialien/Personen: Drei weibliche Personen

Besonderheiten/Zu beachten: Der Geruchsartikel der Versteckperson darf auf keinen Fall durch die Verleitpersonen kontaminiert sein.

Anleitung: Drei Damen gehen zur gleichen Zeit im Startbereich los und laufen hintereinander gehend den Trailverlauf, sodass sie alle die gleiche Spur legen. Nach ein bis zwei Abbiegungen bleibt erst eine Verleitperson, dann die Versteckperson und anschließend eine weitere Verleitperson stehen. Der Abstand zwischen den Personen sollte ca. anderthalb bis zwei Meter betragen.

Die drei Personen müssen auf ihrem Platz verweilen, bis das Team kommt.

Fokussierte Suche des Hundes.

Das Trailteam erhält am Start den Geruchsartikel zur Versteckperson, läuft den Trail und am Ende des Trails gilt es, den Hund genau zu beobachten. Wenn er das erste Mal eine Differenzierung läuft, kann es gut sein, dass er eine Unterstützung bei der Anzeige der richtigen Person benötigt, denn dies ist eine ganz neue Auffindesituation für ihn. Auf einmal reicht es nicht mehr, den Endpool anzuzeigen, in der zufällig eine Person steht, sondern der Hund muss die Quelle zum Geruchsartikel identifizieren. Kommt es zur Fehlanzeige, so braucht der Hund bei der richtigen Person ebenfalls Unterstützung.

Variationen: Drei Männer können genauso gut am Ende stehen.

! ***Tipp:*** Es besteht ein Unterschied, ob der Hund die Personen kennt oder nicht.

Der Hund gleicht die Quelle des Geruches ab…

…und zeigt die richtige Person an.

45. Sandwich-Differenzierung

Schwierigkeitsgrad:
● ● ○

Vorbereitungen:
Keine

Umgebung:
Am Ende des Trails sollte es windstill sein und es sollte keine offene Fläche geben, sondern zum Beispiel eine Wand oder Mauer vorhanden sein.

Zeitaufwand:
Mittel

Ziel: Überprüfen, ob der Hund nach Erhalt eines „weiblichen Geruchartikels" beim Scannen ausschließlich Interesse an der weiblichen Verleitung zeigt.

Materialien/Personen: Mann (Versteckperson), Frau (Verleitperson 1), Mann (Verleitperson 2)

Besonderheiten/Zu beachten: Der Geruchsartikel der Versteckperson darf auf keinen Fall durch die Verleitpersonen kontaminiert sein.

Anleitung: Alle drei Personen starten zur gleichen Zeit und an derselben Stelle. Sie gehen im Gänsemarsch in der Reihenfolge Frau (Verleitperson 1) – Mann (Verleitperson 2) – Frau (Versteckperson) den Trailverlauf. Am Ende des Trails bleibt zuerst die weibliche Verleitung, dann die männliche Verleitung und als letztes die weibliche Versteckperson stehen.

Das Trailteam startet mit dem Geruchsartikel der Versteckperson. Am Ende des Trails geht es vordergründig darum, die Versteckperson richtig anzuzeigen. Aber genauso spannend ist es zu beobachten, wie der Hund mit den Verleitungpersonen unterschiedlichen Geschlechts umgeht. Der Hintergrund ist die Annahme, dass Mantrailer anhand des Geruchsartikels riechen können, welches Geschlecht und welchen Phänotyp sie suchen. Diese Informationen für den Hund sind für uns Menschen vergleichbar mit allen Einzelheiten, die wir auf einem Ganzkörperbild erkennen können.

Bei der Differenzierung steht mindestens eine Verleitung im Geruch der Versteckperson.

Variationen: Die Abfolge Frau / Frau / Mann, Mann / Mann / Frau usw. funktioniert natürlich genauso.

! ***Tipp:*** Es besteht ein Unterschied, ob der Hund die Personen kennt oder nicht.

46. Die andere Begegnung

Schwierigkeitsgrad:
● ● ○

Vorbereitungen:
Keine

Umgebung:
Außergewöhnliche Endpunkte wie zum Beispiel eine Reckstange.

Zeitaufwand:
Mittel

Ziel: Ungewöhnliche Auffindesituationen üben.

Materialien: Keine

Besonderheiten/Zu beachten: Dem Hund Zeit für die Anzeige der neuen Auffindesituation geben.

Anleitung: Es wird ein Trail mit zwei bis drei Entscheidungen gelegt. Der Trail sollte nicht zu lang sein, denn der Fokus liegt hier auf dem Ende des Trails. Hier hängt die Versteckperson beispielsweise über Kopf an einer Reckstange.

Damit ist das Bild der Versteckperson am Ende des Trails im wahrsten Sinne auf den Kopf gestellt. Dies kann beim ersten Mal eine Herausforderung für das Team darstellen. Je nachdem, wie die Lage der Person in der Auffindesituation ist, kann es auch sein, dass sich ein anderes Geruchsbild ergibt.

Das Trailteam absolviert die Spur wie immer. Am Ende des Trails ist dann besondere Konzentration gefragt, um genau zu beobachten, wie der Hund die Versteckperson findet, ob er seine Standard-Anzeige zeigen kann oder eine Alternative wählt.

Variationen: Mauer, Hochsitz, Leiter, Baum

! ***Tipp:*** Die mit Abstand außergewöhnlichste Auffindesituation, die wir je hatten, war eine Versteckperson im fliegenden Ketten-Karussell.

Die hängende Versteckperson ist ein nicht alltägliche Herausforderung.

Trotzdem zeigt der Hund hier korrekt an.

47. Regenschirm

Schwierigkeitsgrad:
● ● ○

Vorbereitungen:
Keine

Umgebung:
Ortsunabhängig

Zeitaufwand:
Gering

Ziel: Der Hund soll damit umgehen lernen, dass er der Versteckperson nicht direkt in die Augen sehen kann, da das Gesicht durch einen Regenschirm verdeckt ist.

Materialien: Regenschirm

Besonderheiten/Zu beachten: Vorab kann man mit der Versteckperson besprechen, wie und wann sie ihr Gesicht vom Regenschirm befreien soll, falls sich der Hund zunächst schwertut, jemanden „ohne Sicht aufs Gesicht“ anzuzeigen.

Anleitung: Es wird ein Trail gelegt. Die Versteckperson hat zusätzlich einen Regenschirm dabei, den sie sich vor Gesicht und Körper hält, bevor das Trailteam ankommt.

Das Trailteam läuft die Spur. Am Ende des Trails bekommt der Hund genügend Zeit, die Versteckperson anzuzeigen und ggf. ein wenig Unterstützung durch den Hundeführer oder die Versteckperson.

Variationen: Eine große Tageszeitung, mit der man ebenfalls das Gesicht verdecken kann.

! ***Tipp:*** Bei Regen kann man diese Übung wunderbar mit dem Pfützen-Trail kombinieren.

Beim ersten Mal ist einfacher, wenn der Schirm das Gesicht nicht verdeckt.

Sitz-Anzeige der gesuchten Versteckperson.

48. Waidmannsheil

Schwierigkeitsgrad:
● ● ○

Vorbereitungen:
Keine

Umgebung:
Vom Treffpunkt sollte das Hochversteck gut erreichbar sein – wenn möglich aus verschiedenen Richtungen für verschiedene Trailteams.

Zeitaufwand:
Mittel

Ziel: Ein ungewöhnliches Geruchsbild am Ende des Trails kennenlernen.

Materialien: Hochversteck

Besonderheiten/Zu beachten: Für ein neues, ungewohntes Geruchsbild am Ende eines Trails benötigt der Hund unter Umständen viel mehr Zeit als sonst für das Erkennen des Verstecks als auch für die Anzeige.

Anleitung: Der Trailverlauf sollte zwei bis drei Entscheidungen bis zum Hochversteck beinhalten. Dann ist zu unterscheiden, ob es sich um ein nach unten offenes Hochversteck oder ein geschlossenes handelt, denn dies hat Auswirkungen auf das Geruchsbild der Versteckperson. Bei der offenen Variante „tropft" der Geruch teilweise nach unten. Ist es ein nach unten absolut geschlossenes Versteck, breitet sich der Geruch anders aus.

Das Trailteam startet. Erreicht es dann in Kürze das Hochversteck, sollte der Hundeführer noch genauer auf die Körpersprache des Hundes achten. Wie löst er die Anzeige, wenn er nicht direkt an die Versteckperson kommen bzw. sie nicht einmal sehen kann? Und wo zeigt der Hund die für ihn frischeste Anhäufung des Geruches an? Beispielsweise unter dem Hochversteck.

Variationen: Gittertreppe, Baum, Mauer

An ein Hochversteck muss sich der Hund erst einmal heranarbeiten.

Er braucht Zeit, um zu lokalisieren, von wo der Geruch kommt.

49. Bewegendes Date

Schwierigkeitsgrad:
● ● ●

Vorbereitungen:
Absprache mit der Versteckperson, in welchem Bereich sie sich bewegen soll und mit welchem Tempo.

Umgebung:
Am Ende des Trails wird eine längere gerade Strecke benötigt.

Zeitaufwand:
Mittel

Ziel: Eine Versteckperson finden, die nicht starr am Ende des Trails steht, sondern sich auf das Trailteam zubewegt.

Materialien: Keine

Besonderheiten/Zu beachten: Der Hund braucht Zeit, um die Quelle ohne Geruchspool zu erkennen.

Anleitung: Es wird ein Trail mit mindestens zwei Abbiegungen gelegt. Dann wird ein Zeitpunkt mit der Versteckperson besprochen, ab wann und in welchem Tempo sie dem Trailteam entgegenkommen soll. Zum Beispiel, wenn das Trailteam um die letzte Ecke kommt und somit sichtbar ist. Soll die Versteckperson eher schlendern, gehen oder rennen und in welchem Bereich soll sie sich ggf. hin- und herbewegen, falls das Trailteam ein wenig länger für die Anzeige benötigt?

Kommt das Trailteam fast am Ende des Trails an, verhalten sich alle Personen so, als ob sie sich gegenseitig nicht sehen würden. Es kann gut sein, dass der Hund an der Versteckperson vorbeiläuft, ohne sie wahrzunehmen. Dies liegt daran, dass ihm die Information über den sonst vorhandenen Endpool fehlt. Solange der Hund selbstständig versucht, das Geruchsrätsel zu lösen, kann sich die Versteckperson ruhig weiterbewegen. Fällt es dem Hund schwer, eine sich bewegende Person anzuzeigen, bleibt diese einfach stehen. Dann kann es immer noch einen kleinen Moment dauern, bis sich ein Endpool bildet. Ggf. kann die Versteckperson sich aber unterstützend selbst auf den Oberschenkel klopfen.

Variationen: Die Versteckperson kann das Tempo, mit dem sie sich vom Endpool aus auf das Trailteam zubewegt, immer wieder variieren. Oder sie bewegt sich von Anfang an ununterbrochen und bildet demnach zu keiner Zeit einen End-Pool.

Einsatzrelevanz: Es kann immer vorkommen, dass eine vermisste Person sich bewegt – vor allem, wenn sie nicht weiß, dass sie gesucht wird oder sie nicht gefunden werden möchte.

Dem Hund fehlt beim bewegenden Date die Endpool-Information.

50. Ohne Endpool

Schwierigkeitsgrad:
● ● ◐

Vorbereitungen:
Keine

Umgebung:
Am Ende des Trails wird eine längere gerade Strecke benötigt.

Zeitaufwand:
Mittel

Ziel: Eine Versteckperson finden, die nicht starr am Ende des Trails steht, sondern sich weiter weg bewegt und quasi vor dem Trailteam flüchtet.

Materialien: Keine

Besonderheiten/Zu beachten: Der Hund braucht Zeit, um die Quelle ohne Geruchspool zu erkennen.

Anleitung: Es wird ein Trailverlauf mit mindestens zwei bis drei Entscheidungen gelegt. Dann wird mit der Versteckperson besprochen, ab wo und wann sie den Trailverlauf weggehenderweise verlängert und wie weit sie geht – also, ob sie immer weiter geht oder irgendwann umdreht oder stehen bleibt.

Das Trailteam startet. Am Ende des Trails gilt es dann wieder genau hinzuschauen, wie der Hund die sich bewegende Versteckperson anzeigt oder zum Anhalten bewegt.

Variationen: Die Versteckperson kann das Tempo, mit dem sie sich bewegt, immer wieder variieren. Oder sie bewegt sich von Anfang an und bildet demnach zu keiner Zeit einen Endpool wie sonst.

Einsatzrelevanz: Es kann immer vorkommen, dass sich eine vermisste Person bewegt – vor allem, wenn sie nicht weiß, dass sie gesucht wird oder nicht gefunden werden möchte.

Der Hund hat die Versteckperson in der Nase.

51. Wertschätzung

Ziel: Je länger man schon trailt, desto ähnlicher wird meistens die Belohnung und oft wird auch die Freude beim Fund mäßiger. Dies soll hier geändert werden.

Materialien: Der Hundeführer bringt einen anderen Jackpot als sonst mit.

Besonderheiten / Zu beachten: Alles, was der Hund verträgt und Freude bringt, ist erlaubt.

Schwierigkeitsgrad:
● ○ ○

Vorbereitungen:
Herausfinden, was für den individuellen Hund eine ganz besonders tolle / ungewöhnliche Belohnung ist

Umgebung:
Ortsunabhängig

Zeitaufwand:
Gering

Anleitung: In der Betriebsblindheit des Trailens wird häufig gar nicht mehr darüber gesprochen, wer belohnt und vor allem wie. Das kann man mit dieser Aufgabe einfach mal ändern. Freut sich der Hund nach dem Fund zum Beispiel über ein besonders Futter, eine Streicheleinheit oder über ein gemeinsames Zurückjoggen zum Auto? Welche wertschätzenden Alternativen fallen euch noch ein?

Variationen: Die Bandbreite der möglichen Belohnungen ist so groß – da kann man sicher noch ganz anders kreativ werden.

Einfach mal die Belohnung wechseln.

Wenn es die Lieblingsbelohnung ist, schmeckt es doppelt so gut.

Generelle Trailübungen ohne Fokus auf einen Teilbereich (Start / Mitte / Ende)

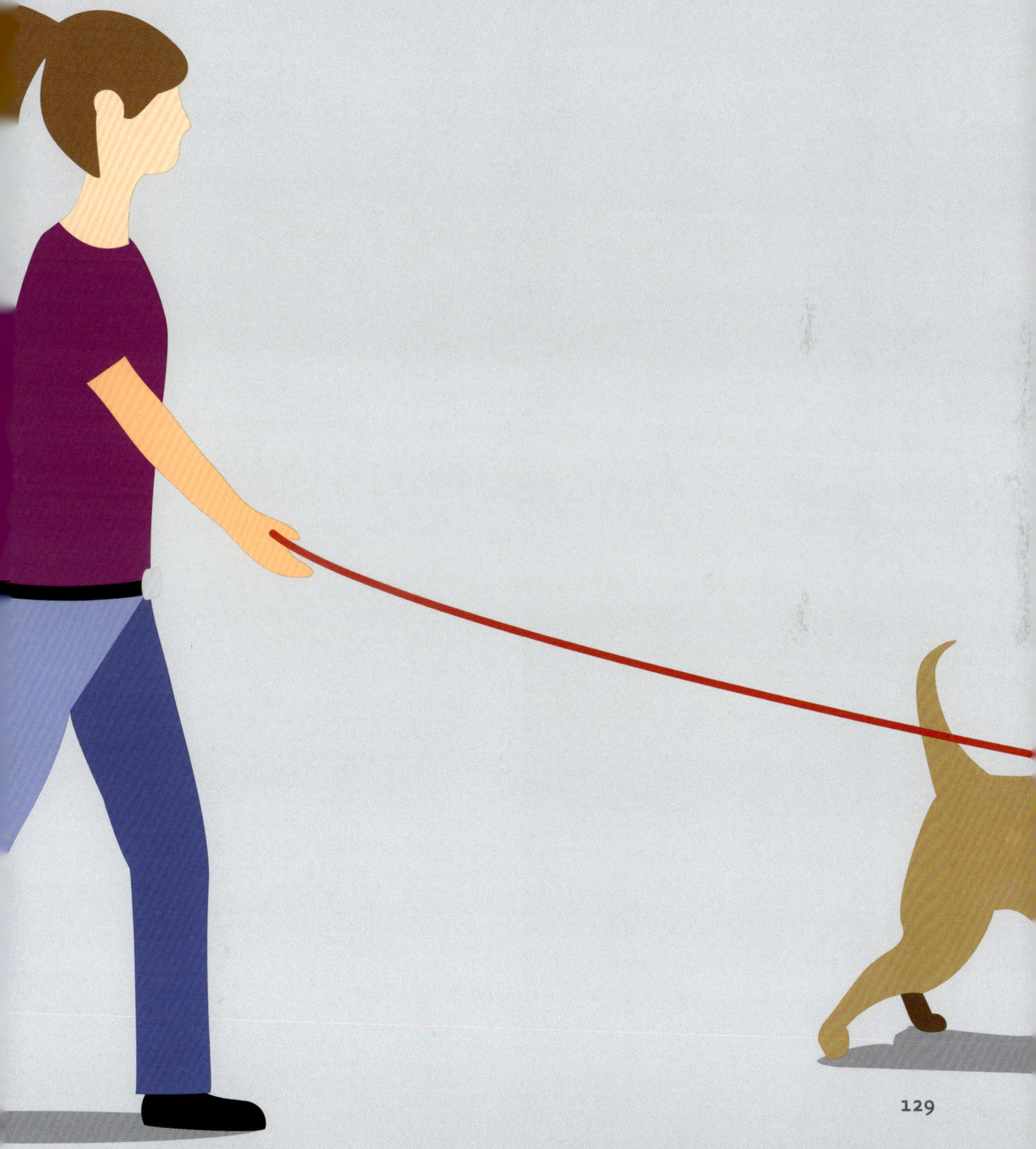

52. Rein-Raus

Schwierigkeitsgrad:
● ● ○

Vorbereitungen:
Keine

Umgebung:
Gebäude mit zwei Türen

Zeitaufwand:
Mittel

Ziel: Unterbrechung der Arbeit und Wiederaufnahme an einer anderen Stelle der Spur.

Materialien: Keine

Besonderheiten/Zu beachten: Der Hund muss für diese Übung ein Pause-Kommando wie z.B. „Warte" oder „Stopp" beherrschen.

Anleitung: Es wird eine Spur zu einem Gebäude gelegt, das einen Eingang auf der einen Seite und einen Ausgang an der anderen Gebäudeseite hat. Vor dem Gebäude sollte eine Entscheidung zu laufen sein, sprich der Trail startet nicht erst kurz vor dem Gebäude. Die Versteckperson geht durch das Gebäude hindurch und wird dahinter nach noch mindestens ein bis zwei Entscheidungen außer Sicht gebracht.

Trailt das Team auf das Gebäude zu und der Hund interessiert sich für die Eingangstür, wird der Hund mit der Begründung, dass dort keine Hunde erlaubt sind, aus der Arbeit herausgenommen und in den „Pausenmodus" versetzt. Umgeschnallt ans Halsband, geht es dann um das Gebäude zum Ausgang. Wieder zurückgeschnallt ans Geschirr, wird der Hund dort zur Wiederaufnahme des Trails aufgefordert.

Zur Erinnerung: Umschnallen auf Halsband deshalb, weil dies das Signal für den Hund ist, dass der Mensch entscheidet, wo der Weg hinführt. Am Geschirr entscheidet der Hund. Es ist deshalb wichtig, hier konsequent zu sein.

Man könnte diese Übung auch das „Rolltreppen-Prinzip" nennen: Ein Teil des Trails, wie z.B. eine Rolltreppe, ist nicht begehbar. Nach diesem ausgeschlossenen Teil erlebt der Hund zusätzlich einen Zeitsprung des Geruchs der Versteckperson.

Variationen: Diese Aufgabe kann ebenfalls gut mit einer alten Spur trainiert werden. Beispielsweise legt man die Spur an einem Tag, an dem das Gebäude offen ist und sucht am darauffolgenden Tag, wenn das Gebäude nicht begehbar ist. Oder es gibt im Trailverlauf eine Rolltreppe. Man stoppt vor der Rolltreppe, nimmt einen alternativen Weg (Treppe / Fahrstuhl) im „Pause-Modus" und setzt am anderen Ende der Rolltreppe wieder an.

53. Unterführung

Schwierigkeitsgrad:
● ● ○

Vorbereitungen:
Keine

Umgebung:
Unterführung oder begehbarer Tunnel

Zeitaufwand:
Mittel

Ziel: Mit Geruchsabrissen arbeiten, die trotz geschlossener Umgebung auftreten können.

Materialien: Keine

Besonderheiten/Zu beachten: Möglicherweise benötigt der Hund Unterstützung beim Geruchsabriss.

Anleitung: Es wird ein Trail mit einer Abbiegung vor der Unterführung gelegt, dann durch die Unterführung durch und anschließend noch ein bis zwei Entscheidungen.

Erreicht das Trailteam die Unterführung, kann es auf drei verschiedene Luftverhältnisse treffen: Die Luft zieht entweder von vorne nach hinten, von hinten nach vorne oder vorne und hinten aus der Unterführung heraus. Die letzten beiden Gegebenheiten können dazu führen, dass der Hund, besonders, wenn er noch nicht so erfahren ist, nicht genügend Geruchspartikel der Versteckperson aufnehmen kann. Hier benötigt er Unterstützung, um sich „durchzukämpfen“. Reicht dies nicht aus, kann es sein, dass man durch Umschnallen aufs Halsband zum Ausgang der Unterführung gehen muss, um dort den Hund zu fragen, ob dort die frischere Spur der Versteckperson weitergeht.

Zur Erinnerung: Umschnallen auf Halsband deshalb, weil dies das Signal für den Hund ist, dass der Mensch entscheidet, wo der Weg hinführt. Am Geschirr entscheidet der Hund. Es ist deshalb wichtig, hier konsequent zu sein.

Variationen: Eine Unterführung im Bahnbereich kann man durch die meist vorhandenen Treppen noch mit unterschiedlichen Ebenen kombinieren. Je älter die Spur wird, desto mehr Geruchsabrisse kann es geben.

Eine Unterführung ist immer eine Herausforderung, was die Witterung angeht.

Sie ist quasi ein kleines Stück Indoor-Trailen.

Auch die Körpersprache kann hier anfangs nicht so deutlich sein wie draußen.

54. Brücken-Lücke

Schwierigkeitsgrad:
● ● ○

Vorbereitungen:
Keine

Umgebung:
Eine Brücke

Zeitaufwand:
Mittel

Ziel: Mit Geruchsabrissen arbeiten, die bei offener Umgebung auftreten können und unter Umständen durch Wind oder andere Verwirbelungen verstärkt werden können.

Materialien: Keine

Besonderheiten/Zu beachten: Möglicherweise benötigt der Hund Unterstützung beim Geruchsabriss. Zum Beispiel kann der Hundeführer den Hund vom Geschirr aufs Halsband umschnallen und ihn an einen Punkt bringen, der vermutlich mehr Geruch aufweist.

Anleitung: Es wird ein Trail gelegt, bei dem der Verlauf über eine Brücke führt. Je länger die Brücke ist, desto größer kann die Herausforderung durch Geruchsabrisse werden.

Trailt das Team auf die Brücke zu, kann man oft schon beobachten, dass die Körpersprache des Hundes unauffälliger wird, da die Geruchsmenge dünner wird. Fast könnte man den Eindruck bekommen, dass sie sich auf der Brücke vollkommen verflüchtigt hat. Würde das Trailteam dann immer wieder vor die Brücke gehen, wäre der Trail kaum zu lösen. Deswegen muss man an dieser Stelle den Hund, der nicht von allein den Abriss überwindet, aufs Halsband umschnallen und auf die andere Seite der Brücke bringen, um ihn dort wieder anzusetzen. Dies funktioniert nur, wenn der Hund zuverlässig anzeigen kann, ob der Geruch zur Versteckperson hinter der Brücke frischer ist als der vor der Brücke.

Variationen: Die Übung eignet sich sehr gut, um auch mit älteren Spuren zu trainieren. In diesem Fall ist die Wahrscheinlichkeit noch größer, dass es zu deutlich mehr Abrissen des Geruchs kommt.

Je länger die Brücke ist, desto größer kann der Geruchsabriss sein.

55. Shoppingtour

Schwierigkeitsgrad:
● ● ○

Vorbereitungen:
Keine

Umgebung:
Parkplatz eines Einkaufsmarktes mit Einkaufswagen

Zeitaufwand:
Mittel

Ziel: Eine Spur legen, ohne dass die VP dabei den Boden berührt.

Materialien: Einkaufswagen. Plattformwagen aus Bau- oder Getränkemärkten eigenen sich *nicht* so gut, weil sie zu niedrig sind und der Geruch dadurch zu schnell am Boden ist.

Besonderheiten/Zu beachten: Rechtzeitig bei der Marktleitung nachfragen, ob das Vorhaben gestattet ist und nicht gerade Hauptstoßzeiten dafür wählen.

Anleitung: Die Versteckperson setzt sich in den Einkaufswagen und wird von einer weiteren Person gefahren, sodass ein Trail ohne Bodenberührung der Versteckperson entsteht. Am Ende des Trails stellt die weitere Person den Wagen ab und positioniert sich zwei bis drei Meter entfernt. So hat man gleich ein Splitting mit eingebaut.

Das Trailteam geht mit dem üblichen Startsignal los und die besondere Aufmerksamkeit liegt darauf, ob der Trail ohne Bodenhaftung für ein anderes Geruchsbild sorgt, ob der Hundeführer dies an der Körpersprache des Hundes erkennen kann und wie der Hund diese ungewöhnliche Auffindesituation am Ende des Trails löst.

Die Versteckperson wird ohne eigene Bodenhaftung auf dem Trail geschoben.

Variationen: Man kann auch für einen normal gelaufenen Trail, also *mit* Bodenberührung der VP, einen Einkaufswagen als Geruchsträger verwenden, an dem der Hund anriechen kann. Außerdem können die Unterstände der Einkaufswagen als besonderes Versteck genutzt werden. Einfach zwei Reihen der Wagen etwas auseinanderstellen, bis zum Ende durchgehen und die Wagen wieder vorne zusammenstellen. So hat man direkt ein versperrtes Versteck.

Einsatzrelevanz: Vermisste Personen können in einem Rollstuhl, Rollator oder Kinderwagen sitzen und so keine eigene Bodenberührung haben.

! ***Tipp:*** Gerade sonntags eigenen sich Baumarkt- oder Supermarkt-Parkplätze gut für diese Aufgaben.

Die Verleitperson (links im Bild) ist auf Sicht gestellt.

Bei ungewöhnlichen Auffindesituationen ist es gut, wenn die Versteckperson den Hund belohnt.

Der Einkaufswagen kann gut als Geruchsträger verwendet werden, an dem der Hund dann anriecht.

Der Hund riecht an der Stelle an, die die Versteckperson mit ihrem Individualgeruch versehen hat.

56. Buchstabenkekse

Schwierigkeitsgrad:
●●○

Vorbereitungen:
Keine

Umgebung:
Etwas freier Platz, Freifläche oder großzügiger Straßenverlauf

Zeitaufwand:
Mittel

Ziel: Trails mit ungewohnten Verläufen suchen und finden.

Materialien: Eine Tüte Buchstabenkekse

Besonderheiten / Zu beachten: –

Anleitung: Jede Versteckperson zieht einen Buchstaben aus der Kekstüte heraus. Je nachdem, welcher Buchstabe gezogen wurde, wird anschließend der Trail in Form genau dieses Buchstabens gelegt. Alle anderen wissen nicht, welcher Buchstabe gelegt wurde.

Nachdem das Team den Trail gelaufen ist, können sowohl das Team als auch die Gruppe raten, um welchen Buchstaben es sich gehandelt hat.

Variationen: Eine Tüte Buchstabensuppe eignet sich ebenfalls zum Ziehen der Buchstaben.

! ***Tipp:*** Den Trail in einen Stadtplan einzeichnen.

Die Versteckperson zieht den Buchstaben, den sie läuft.

Das Alphabet bietet jede Menge Möglichkeiten, um Trailverläufe danach auszurichten.

57. Buchstabe P

Schwierigkeitsgrad:
● ● ◐

Vorbereitungen:
Keine

Umgebung:
Am besten ein Gebiet mit vielen Abbiegungen, siehe Skizze

Zeitaufwand:
Mittel

Ziel: Einen Zeitsprung in den Trail einbauen, um frischesten und älteren Geruch unterscheiden zu lernen und den kürzesten Weg zu gehen.

Materialien: Keine

Besonderheiten/Zu beachten: Sich vor dem Trailen überlegen, an welchem Geländepunkt der Zeitsprung liegen soll und sich diesen beim Auslegen gut merken.

Anleitung: Man legt einen Trail in Form des Buchstabens „P". Der Verlauf fängt unten links beim Buchstabenfuß an, läuft geradeaus hoch und dann den Bogen nach rechts (dieser Teil kann auch eckig sein, je nachdem, was die Umgebung hergibt) und kreuzt dann im mittleren Teil des nach oben führenden Weges erneut den Trail (siehe Skizze). Der Zeitsprung befindet sich dann an diesem Kreuzungspunkt. Von dort wird die Versteckperson noch außer Sicht in ein Versteck gebracht.

Das Trailteam wird unten am Fuß des „Ps" gestartet. Im mittleren Teil, beim Zeitsprung, biegt der Hund direkt nach links ab. Für das Arbeiten des Zeitsprunges benötigt der Hund beim ersten Mal unter Umständen mehr Zeit. Damit der Hundeführer dies nicht übersieht, ist es sinnvoll, diese Übung beim ersten Mal im Dogtrail

Körpersprachlich gibt es beim Buchstaben P viel zu beobachten.

Modus zu arbeiten. Meistens bemerkt man den Zeitsprung daran, dass der Hund zum einen schneller wird und zum anderen in seiner Körpersprache deutlicher.

Variationen: Man kann einen Buchstaben ebenfalls im kleineren Rahmen auf einem großen Parkplatz legen.

Einsatzrelevanz: Im Einsatz sollen möglichst unnötige Wege vermieden werden. Dazu ist es sehr hilfreich, wenn der Hund einen Zeitsprung erkennt und so quasi die gewollte Abkürzung nimmt.

58. Buchstabe V

Ziel: Bewusst mit dem Hochwind arbeiten.

Materialien: Keine

Besonderheiten / Zu beachten: Wenn wir grundsätzlich möchten, dass der Hund wenig über Hochwind arbeitet, sondern im Geruchsband, sollte man diese Übung nicht zu häufig trainieren.

Schwierigkeitsgrad:
● ● ◐

Vorbereitungen:
Keine

Umgebung:
Am besten ein Gebiet mit vielen Abbiegungen und engen Straßen/Wegen.

Zeitaufwand:
Mittel

Anleitung: Man legt im Gebiet den Buchstaben „V“ aus, indem man oben links mit der Versteckperson schräg nach unten losläuft, anschließend einen spitzen Winkel einschlägt und dann wieder nach rechts oben hochläuft. Der oberen beiden Enden des Vs sollten nicht mehr als zwei Leinenlängen auseinander liegen. Denn nur dann hat der Hund eine Chance, den Geruch über Hochwind zu bekommen. Vom rechten oberen Teil wird die Versteckperson dann außer Sicht mindestens noch eine Entscheidung weit weg gebracht.

Beim Buchstaben V ist das Lesen der Körpersprache – Hochwind oder nicht – sehr wichtig.

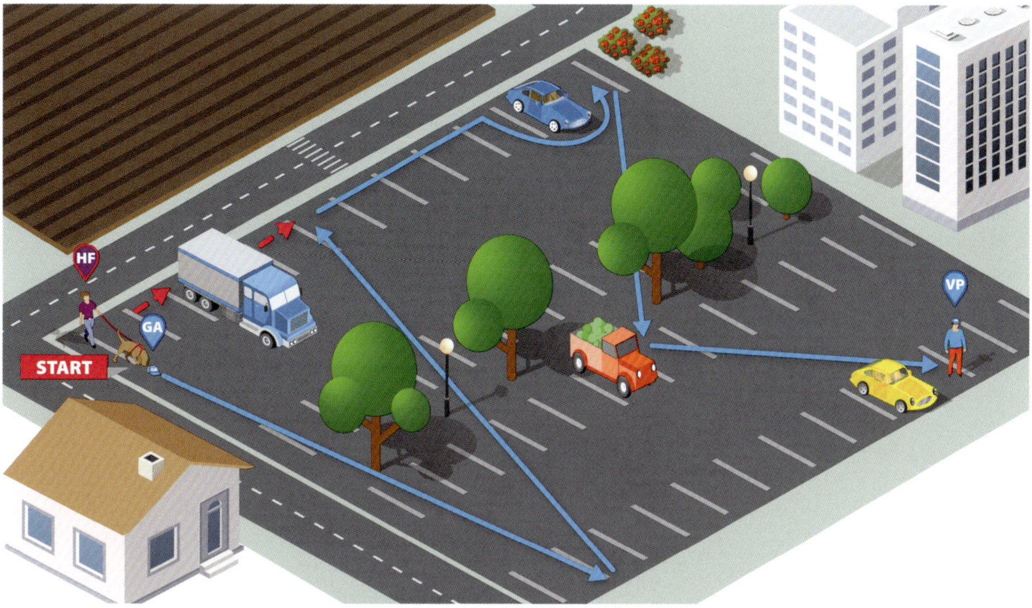

Das Trailteam wird oben Links am „V“ angesetzt. Dann schaut man, ob sich der Hund für den Weg der Hochwind-Abkürzung entscheidet oder den „V-Weg“ läuft.

Variationen: Man kann einen Buchstaben ebenfalls im kleineren Rahmen auf einem großen Parkplatz legen. Hier spielt einem Hochwind viel mehr in die Karten. Alternativ kann man den Buchstaben „V“ in einen längeren Trail als Bestandteil integrieren und schauen, ob der Hund sich für die Hochwind-Abkürzung entscheidet. Ebenso kann der Buchstabe „U“ gelegt werden.

59. Buchstabe Z (Diagonale)

Schwierigkeitsgrad:
● ● ◐

Vorbereitungen:
Keine

Umgebung:
Großer, offener Parkplatz

Zeitaufwand:
Mittel

Ziel: Genauigkeit, Timing und Leinenhandling verbessern, Körpersprache beobachten.

Materialien: Keine

Besonderheiten / Zu beachten: Beim ersten Mal sollte es nicht zu windig sein.

Anleitung: Es wird mit der Versteckperson über einen großen Parkplatz der Buchstabe „Z" gelaufen, beginnend unten rechts. Anschließend wird die Versteckperson außer Sicht hinter ein Versteck gebracht. Beim ersten Trainieren dieser Übung ist es sinnvoll, als Hundeführer zuzuschauen, wie die Versteckperson den Trailverlauf, insbesondere die Diagonale, läuft.

Beim Buchstaben Zeit kann man sehr gut Leinenhandling trainieren.

Das Trailteam startet. Nun gilt es, den Hund genau zu beobachten. Wann zeigt er körpersprachlich an, im Geruchsband der Versteckperson zu sein? Der Hundeführer kann hier sehr gut an seinem Timing (nicht drücken!) und am Leinenhandling (nicht zu viel und nicht zu wenig Leine herausgeben!) arbeiten. Anfangs kann es sein, dass der Hund mehr aus dem Geruch ausbricht und zum Ende der Geraden immer weniger. Würde man den Suchverlauf aufzeichnen, sähe dieser auf der Diagonalen ein wenig wie ein Tannenbaum aus.

Variationen: Man kann ein „Z" auch auf einem längeren Trail als einen Baustein einbauen.

! ***Tipp:*** Eine sehr gute Übung gerade für starke und stürmische Hunde.

60. Buchstabe E

Schwierigkeitsgrad:
● ● ◐

Vorbereitungen:
Keine

Umgebung:
Stadtgebiet mit möglichst vielen Entscheidungen

Zeitaufwand:
Mittel

Ziel: Zwei Backtrails trainieren, die jeweils zu einem Zeitsprung führen.

Besonderheiten/Zu beachten: Der Buchstabe muss von der VP vollständig gelaufen werden.

Anleitung: Die Versteckperson startet am unteren rechten Ende des Buchstabens „E", biegt dann das erste Mal rechts ab. Bei der nächsten Abbiegung wieder rechts und läuft dort einen Backtrail (30–50 Meter in den Weg/die Straße hinein und auf dem gleichen Weg wieder zurück zur Geraden). Danach geht's rechts ab weiter auf der Geraden. Von dort biegt die Versteckperson in die nächste Rechtsabbiegung ab, legt dort wieder einen Backtrail, geht anschließend wieder auf der Geraden nach rechts und biegt die nächste Straße rechts ab und versteckt sich.

Der Hund wird unten rechts gestartet. Ähnlich wie beim 90-Grad-Starten blickt der Trailer in die Richtung, aus der der Backtrail kommt rein, taucht aber mit dem Kopf auf der langen Geraden ein. Würden wir den Spurverlauf aufzeichnen, sähe man ein auf den Kopf gestelltes „L" (siehe Skizze). Sollte der Hund den Backtrail, also den mittleren Balken des E, tatsächlich laufen anstatt nur hineinzuschauen, ist das ein guter Hinweis darauf, dass der HF den Hund drückt.

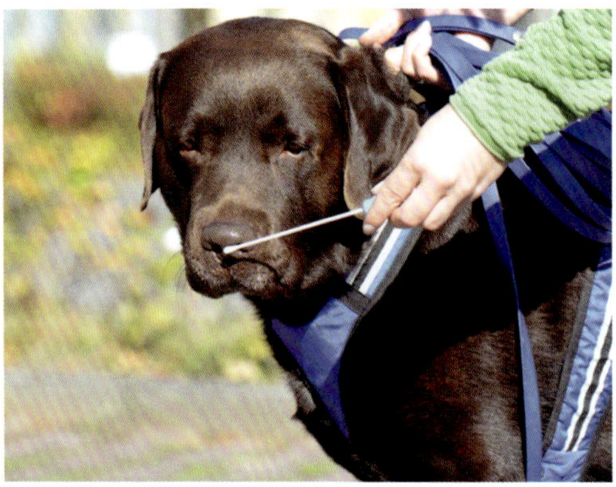

Der Hund riecht am Geruchsträger der Versteckperson…

…und verfolgt zielstrebig die Spur.

Variationen: Alternativ kann der Trail auch rechts unten auf dem kurzen Balken des „E“ starten und so nur einen Backtrail beinhalten. Oder man legt den Buchstaben „F“, der ebenfalls nur einen Backtrail beinhaltet.

Einsatzrelevanz: Der Hund erreicht die vermisste Person schneller, wenn er an Zeitsprüngen nur dem frischesten Geruch folgt, also „abkürzt“ und die Backtrails nicht ausläuft.

61. Buchstabe H

Schwierigkeitsgrad:
● ● ○

Vorbereitungen:
Keine

Umgebung:
Stadtgebiet mit möglichst vielen Entscheidungen

Zeitaufwand:
Mittel

Ziel: Bewusstes Üben von Backtrails.

Materialien: Keine

Besonderheiten / Zu beachten: Der Buchstabe muss von der VP vollständig gelaufen werden.

Anleitung: Die Versteckperson startet beim Buchstaben „H“ unten links auf der langen Geraden bis ganz nach oben. Dann geht sie zurück bis zum Mittelbalken und biegt dort nach rechts ab (erster Backtrail). Bei der nächsten Möglichkeit geht es wieder rechts bis zum rechten unteren Ende des „Hs“. Von dort wieder hoch (zweiter Backtrail) bis zum rechten oberen Ende der „H“-Geraden. Anschließend wird die Versteckperson noch außer Sicht gebracht.

Das Trailteam wird am unteren Ende der linken Geraden gestartet. Es kann sein, dass der Hund ein kleines Stück in den Backtrail hineinschaut oder hineinläuft. Er soll diesen aber nicht komplett auslaufen, sondern in den Mittelbalken des „Hs“ abbiegen. Wichtig ist es, dem Trailer hier Raum und Zeit zum Arbeiten zu geben und genau auf die Körpersprache zu achten. Würde man den Spurverlauf des Hundes aufzeichnen, sähe man ein Muster in Form eines Blitzes.

Variationen: Der Buchstabe „A“ kann ebenfalls mit einem Backtrail gelegt werden. Der aufgezeichnete Trailverlauf sieht wie ein auf den Kopf gestelltes „V“ aus.

Nach einem Backtrail ist die Körpersprache häufig noch eindeutiger.

! ***Tipp:*** Zeichne zunächst einen Buchstaben auf, den du als Trail legen willst und zeichne als zweites den Laufweg des Hundes ein.

Einsatzrelevanz: Der Hund erreicht die vermisste Person schneller, wenn er an Zeitsprüngen nur dem frischesten Geruch folgt, also „abkürzt" und die Backtrails nicht ausläuft.

62. Mehrfach-Null (Loop) um kleines Gebäude

Schwierigkeitsgrad:
● ● ○

Vorbereitungen:
Keine

Umgebung:
Parkplatz oder Freifläche mit einem Gebäude, das mindestens etwa die Größe eines Containers hat, z.B. Einkaufswagenunterstand, Schuppen o.ä.

Zeitaufwand:
Mittel

Ziel: Mehrere sich in gleicher Richtung überlagernde Spuren kennenlernen (VP ist mehrfach im Oval gelaufen).

Materialien: Keine

Besonderheiten/Zu beachten: Wichtig ist, wirklich ein kleines Gebäude zu umrunden, denn würde man die Null auf einer offenen Fläche laufen, würde sich, je kleiner die Null ist, ein Geruchspool anstatt einer sich überlagernden Spur bilden.

Anleitung: Die Versteckperson läuft vom Startpunkt ca. 20–30 Meter geradeaus und dann zu dem Unterstand, den sie ca. 15–20 Mal umrundet, bevor sie von diesem an einer gut zu merkenden Stelle schräg weggeht und sich dann ca. 50 Meter weit entfernt außer Sicht in ein Versteck begibt.

Bei einem Loop braucht der Hund Zeit zum Arbeiten, um den schnelleren Ausgang zu finden.

Das Trailteam wird am Startpunkt angesetzt. Am Einkaufswagenunterstand soll der Hund dann nicht die ganzen Runden um den Unterstand laufen, sondern die frischeste Spur herausnehmen. Es kann sein, dass er dazu etwas mehr Zeit benötigt.

Variationen: Auf einem längeren Trail kann man mehrere solcher Loops legen.

Einsatzrelevanz: In Einsätzen sind Mantrailer häufig mit sich überlagernden Spuren der vermissten Person konfrontiert.

63. Zweirad

Schwierigkeitsgrad:
● ● ○

Vorbereitungen:
Keine

Umgebung:
Ortsunabhängig

Zeitaufwand:
Gering

Ziel: Geruchsabnahme von einem Zweirad, das die VP benutzt hat.

Materialien: Roller oder Fahrrad

Besonderheiten / Zu beachten: Keine andere Person darf das Zweirad mit ihrem Geruch kontaminieren.

Anleitung: Die Versteckperson versieht das Zweirad bzw. dessen Lenkergriffe mit ihrem Individualgeruch. Anschließend wird sie zu Fuß in ihr Versteck gebracht.

Das Trailteam führt das Startritual kurz vor dem Zweirad aus. Der Hund wird danach am Halsband zum Anriechen an die Lenkergriffe geführt.

Variationen: Mit einem Fahrrad einen Trail ohne Bodenhaftung legen (dann zum Anriechen einen anderen Geruchsgegenstand wählen). Diese Art des Auslegens ergibt ein anderes Geruchsbild für den Hund, als wenn die Versteckperson zu Fuß unterwegs ist.

Einsatzrelevanz: Ein verunfallter Zweiradfahrer, der sich im Schock vom Unfallort entfernt hat oder eine vermisste Person, von der man nur das Zweirad als Geruchsartikel hat.

Die Versteckperson verlässt ihren Roller.

Der Hund nimmt den Geruch der vermissten Person am Roller auf…

64. Hase und Igel

Schwierigkeitsgrad:
● ○ ○

Vorbereitungen:
Keine

Umgebung:
Große, freistehende Gebäude

Zeitaufwand:
Gering

Ziel: Motivation und zielstrebiges Suchen fördern.

Materialien: Keine

Besonderheiten / Zu beachten: Da es zum Sichtkontakt zwischen Hund und Versteckperson kommen kann, sollte man darauf achten, die Strecken nicht zu lang zu gestalten und dadurch die Hunde zu sehr hochzufahren.

Anleitung: Hase und Igel oder Eckenraten ist ein etwas sportlicherer Trail. Am Startpunkt hinterlässt die Versteckperson ihren Geruchsträger, geht um die nächste Ecke und von dort noch ein paar Meter weiter. Das Trailteam führt das Startritual durch und startet dann „fliegend" am Geruchsartikel, das heißt der Geruchsartikel liegt am Boden und bleibt auch dort. Kommt das Trailteam um die Ecke, läuft die Versteckperson wieder um die nächste Ecke – so, dass der Hund sie noch sieht. Dies kann dann noch ein drittes oder ein viertes Mal durchgeführt werden. „Fängt" der Hund die Versteckperson vorher, erhält er daraufhin bereits die Belohnung.

Variationen: Man kann das Eckenraten ebenfalls in Straßenzügen von Ecke zu Ecke durchführen.

! ***Tipp:*** Diese Übung eignet sich gut für Hunde, die sich anfangs nicht so sehr vom Hundeführer lösen mögen.

Die Versteckperson steht hinter der nächsten Ecke.

Wenn es schnell gehen soll, ist es praktisch, wenn der Geruchsartikel auf dem Boden liegt.

Die Versteckperson steht hinter der nächsten Ecke und läuft bei Blickkontakt erneut davon.

65. Stufenweise

Schwierigkeitsgrad:
● ● ○

Vorbereitungen:
Keine

Umgebung:
Der Trailverlauf sollte mindestens eine Treppe beinhalten

Zeitaufwand:
Mittel

Ziel: Unterschiedliche Ebenen und die damit manchmal verbundenen Geruchsabrisse trainieren.

Materialien: Treppe

Besonderheiten/Zu beachten: Offene Treppen sind schwieriger als geschlossene.

Anleitung: Es wird ein Trail gelegt, der an mindestens einer Stelle eine Treppe beinhaltet. Trainiert man das erste Mal bewusst Treppen, ist es sinnvoll, welche in eher ruhigerer Umgebung zu wählen. Bei fortgeschrittenen Teams eigenen sich auch gut Treppen im Bahnhofsumfeld.

Der Trail kann eine Treppe hinauf gehen…

Das Trailteam führt sein Startritual durch. Kommt es dann in die Nähe der Treppe, sollte der Hundeführer besonders auf die Körpersprache des Hundes achten. Ist die Treppe beispielsweise sehr lang, kann es sein, dass der Hund oben oder unten erst einmal abdreht, weil der Geruch zu dünn wird.

Auf der Treppe kann der Hundeführer den Hund ruhig mal anhalten, ein Treppenabsatz bietet sich hierfür besonders an. Nur so kommt das Team auch zukünftig sicher am anderen Ende der Treppe an. Nicht immer sind die Treppen kurz, trocken und rutschfrei.

Variationen: Die Treppe kann sich auch erst am Ende des Trails befinden und dort als Hochversteck dienen.

! ***Tipp:*** Ein Hund, der im Alltag ungern Treppen läuft, überwindet diese während des Trailens oft leichter.

…oder auch hinab.

Die Treppe kann auch als Hochversteck dienen.

66. Gleis 5

Schwierigkeitsgrad:
● ● ◐

Vorbereitungen:
Keine

Umgebung:
Bahnhof

Zeitaufwand:
Mittel

Ziel: Türen anzeigen – Fahrstuhlfahren (Pause) – Trail wieder aufnehmen.

Materialien: Fahrstuhl

Besonderheiten/Zu beachten: Man sollte vorher wissen, ob der Hund das Fahrstuhlfahren kennt.

Anleitung: Der Flanker legt mit der Versteckperson einen Trail, bei dem die VP zwischendurch Fahrstuhl fährt. Ist es das erste Mal für das Team, wählt die Versteckperson nach dem Fahrstuhl schnell ein Versteck, sodass der Hund nach dem Fahrstuhl nicht mehr lange zur Versteckperson braucht und so zügig belohnt wird.

Das Trailteam startet. Kurz vor dem Fahrstuhl beobachtet man den Hund genau. Wie zeigt er körpersprachlich an, dass er in den Fahrstuhl möchte? Solange der Hund arbeitet, hat er dazu alle Zeit. Benötigt er Unterstützung, kann der Hundeführer ihm diese zum Beispiel dadurch geben, dass er sich selbst in die Richtung des Fahrstuhls dreht. Im Fahrstuhl gibt es das Kommando für eine Pause. Wenn die Fahrstuhltür wieder aufgeht, benötigt der Hund möglicherweise eine kurze Zeit, um sich zu orientieren und den Trail wieder aufzunehmen.

Variationen: In Parkhäusern kann man oft ebenfalls sehr gut mit Fahrstühlen üben. Dort ist es meistens etwas ruhiger als an Bahnhöfen.

Den Eingang zu Fahrstuhl zu finden bedarf manchmal etwas Zeit.

Anzeige bei der Versteckperson, die in einer Haltestelle sitzt.

Öffnet sich die Fahrstuhltür, muss der Hund erneut die Spur aufnehmen.

Der Hund stupst die Tür an – ein gutes Zeichen, dass die Versteckperson den Fahrstuhl genommen hat.

Fahrstuhl fahren ist auf dem Trail immer etwas besonderes.

Auf dem Bahnsteig kann die Thermik ganz schön schwierig sein.

67. Einbahnstraße

Schwierigkeitsgrad:
● ● ○

Vorbereitungen:
Keine

Umgebung:
Eine Einbahnstraße

Zeitaufwand:
Mittel

Ziel: Einen Trail gegen die Einbahnstraßen-Richtung laufen.

Materialien: Keine

Besonderheiten/Zu beachten: Je befahrener die Einbahnstraße ist, desto mehr kann es zu Verwirbelungen der Geruchspartikel kommen.

Anleitung: Den Trailverlauf so wählen, dass unterwegs eine Einbahnstraße vorkommt, die die Versteckperson gegen die Fahrtrichtung entlangläuft. Dies kann den Effekt haben, dass die Autos den Individualgeruch der Versteckperson eher in die andere Richtung des Trailverlaufs „mitnehmen" und das Geruchsbild für den Hund daher nicht so klar ist wie sonst. Der Effekt verstärkt sich, je befahrener die Straße und je älter die Spur ist.

Der Hund wird am Startpunkt angesetzt und trailt den Spurverlauf. Hier ist es besonders spannend, die körpersprachliche Reaktion des Hundes im Einbahnstraßenbereich zu beobachten.

Variationen: An einem Kreisverkehr kann man ebenfalls gut einen Trail gegen die Fahrtrichtung legen. Hier kommt es meistens zu einigen Verwirbelungen durch die Fahrzeuge.

Der Trail wird entgegengesetzt zum Verlauf der Einbahnstraße gelegt.

Der Hund trailt zielstrebig im Geruch.

Anzeige bei der Versteckperson.

68. Sehenswürdigkeiten

Schwierigkeitsgrad:
● ○ ○

Vorbereitungen:
Keine

Umgebung:
Schöne Hintergrundmotive wie eine Statue, Graffiti, Sehenswürdigkeiten

Zeitaufwand:
Mittel

Ziel: Dem Team eine Freude mit einem außergewöhnlichen Trailfoto machen.

Materialien: Kamera oder Handykamera

Besonderheiten / Zu beachten: Bei leicht bewölktem Himmel und ein wenig Sonnenschein entstehen die schönsten Fotos.

Anleitung: Den Trailverlauf so planen, dass man unterwegs an schönen Fotomotiven vorbeikommt.

Das Trailteam kann bei dieser Aufgabe zusätzlich Pause üben, damit derjenige, der die Fotos macht, kurz vorlaufen kann. So hat das Trailteam gleich zusätzlich eine sich bewegende Verleitperson.

Variationen: Bei den Motiven sind fast keine Grenzen gesetzt. Im Sommer bietet sich ein Trail am oder im Wasser sehr gut für Fotos an.

! ***Tipp:*** Ein Bild von vorne mit sehr langer Leine kann gut dazu führen, dass man den Hund fokussieren kann und der Mensch im Hintergrund eher unscharf ist.

Bei den Fotomotiven kann man ebenfalls kreative Auffindesituationen nutzen.

Auf diesem Motiv ist die „Verleitperson“ schon sehr, sehr lange da.

69. Zeitsprung

Schwierigkeitsgrad:
● ● ◐

Vorbereitungen:
Einfacher ist hier die Planung der Trails, wenn man sie sich aufzeichnet.

Umgebung:
Möglichst viele Abzweigungen mit nicht so langer Strecke zwischen den Abzweigungen.

Zeitaufwand:
Mittel

Ziel: Trifft der Hund in einem Kreuzungsbereich auf eine frischere Spur, soll er auf diese wechseln.

Materialien: Keine

Besonderheiten/Zu beachten: Beim ersten Mal sollten die beiden Spuren sich direkt überschneiden/kreuzen.

Anleitung: Zuerst wird ein Trail mit der Versteckperson gelegt, der mindestens drei Entscheidungen beinhaltet (Trail 1). Von dort geht die Versteckperson im Bogen zurück, beispielsweise in die Nebenstraße von der zuvor gewählten Straße. Von dort wird erneut ein Trail gelegt (Trail 2), der anschließend den vorherigen Trail an einer Stelle kreuzt.

Das Trailteam beginnt am Startpunkt von Trail Nr. 1. Am Kreuzungspunkt zu Trail Nr. 2 bekommt der Hund dann den frischeren Duft von Trail 2 in die Nase und kann zu diesem wechseln. Körpersprachlich kann es wieder gut sein, dass der Hund anzeigt, aus welcher Richtung der frischere Trail kommt und erst dann in die Richtung eintaucht, in die er weitertrailt. Ebenso kann es durch den Zeitsprung zu einer Tempoerhöhung kommen.

Einen Zeitsprung zu arbeiten ist immer spannend.

Variationen: Mehr als einen Zeitsprung in den Trail einbauen.

! ***Tipp:*** Man kann die sich kreuzenden Trails natürlich auch in einem durch legen, wenn man nicht mit Teams vorab einzelne Trails suchen möchte.

70. Straßennamen

Ziel: Ungewöhnliche Trailverläufe üben.

Materialien: Keine

Besonderheiten/Zu beachten: Bei kleinen Fehlern beim Auslegen ruhig mal ein Auge zudrücken.

Anleitung: Oft gibt es Gebiete mit Vierteln, die einem Thema zugeordnet sind, zum Beispiel nur Dichter- oder nur Vogelnamen. Das Ziel für den Trainer/Gruppenleiter ist nun, Trails zu legen, die diesen Themenbereich nicht verlassen. Dadurch entkommt man ein wenig seinem typischen Trailmuster, das man mit der Zeit häufig ähnlich legt.

Schwierigkeitsgrad:
● ○ ○

Vorbereitungen:
Einen Plan vom Trainingsgebiet ausdrucken

Umgebung:
Viele verschiedene Straßennamen

Zeitaufwand:
Mittel

Bei der Übung Straßennamen können ganz ungewöhnliche Trailverläufe herauskommen.

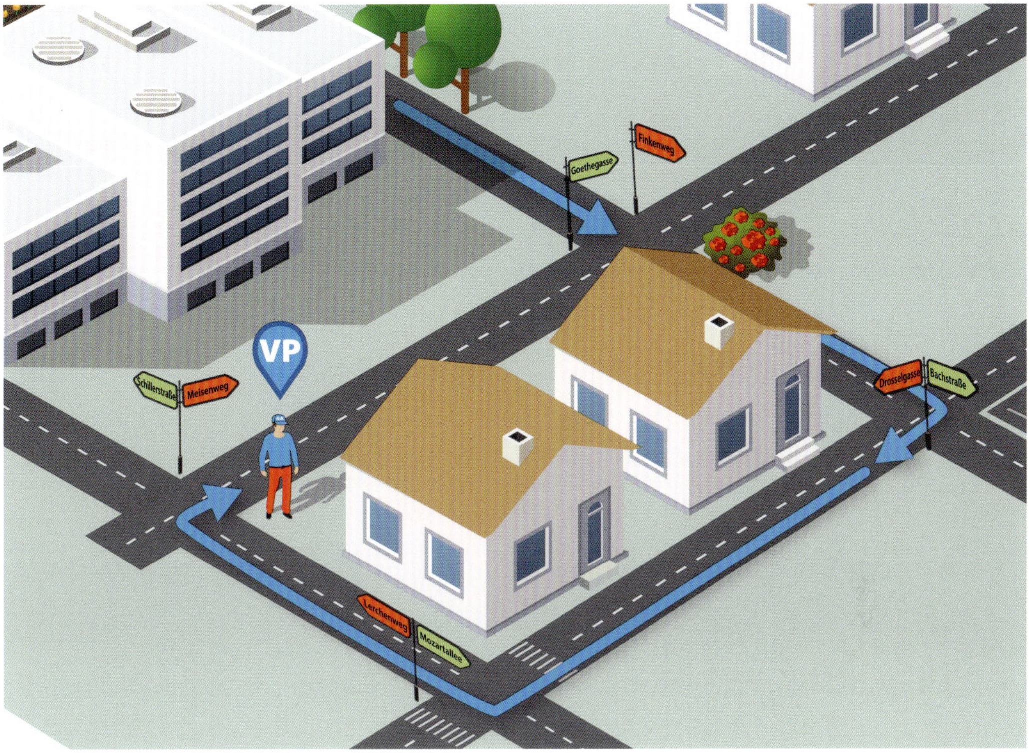

Das Trailteam kann zu Beginn diesen Trail sehr gut mit einem Start in eine andere Richtung als in Startrichtung kombinieren.

Variationen: Man kann ebenfalls „ungeplant“ loslaufen, dadurch ergibt sich unter Umständen ein Backtrail, weil die Versteckperson irgendwo nicht weiterkommt.

71. Nicht abbiegen

Schwierigkeitsgrad:
● ● ○

Vorbereitungen:
Keine

Umgebung:
Eine längere Strecke geradeaus, gleichzeitig müssen Richtungswechsel möglich sein.

Zeitaufwand:
Mittel

Ziel: Trainieren, dass es wider Erwarten tatsächlich auch einfach mal nur geradeaus gehen kann.

Materialien: Keine

Besonderheiten/Zu beachten: Das Team nicht zu sehr zu verwirren. Die Übung sollte im Singleblind, kann aber auch im Dogtrail Modus trainiert werden.

Anleitung: Man legt mit der Versteckperson einen Trail, der einfach nur geradeaus verläuft. Dabei sollte die Versteckperson an einigen möglichen Abbiegungen vorbeigehen Je länger der Trail ist bzw. je mehr mögliche Abbiegungen (mindestens vier bis fünf) es gibt, desto verwirrter wird das Team beim Trailen sein.

Das Trailteam wird gestartet. Vermutlich wird spätestens nach dem dritten Mal geradeaus die Rückfrage kommen: Bin ich noch richtig? Denn es kann doch vermeintlich keinen Trail geben, der nur geradeaus geht.

Variationen: Diese Übung kann für Fortgeschrittene sehr gut zusätzlich mit einem Unterwegspool (oder mehreren) kombiniert werden.

Je länger kein Richtungswechsel kommt, desto unwahrscheinlicher erschient dies dem Trailteam.

GA
HF
START

72. Sonnen-Schatten-Kanten

Schwierigkeitsgrad:
● ● ○

Vorbereitungen:
Keine

Umgebung:
Das Umfeld muss irgendwo Schatten werfen, z.B. durch Gebäude

Zeitaufwand:
Mittel

Ziel: Den Einfluss unterschiedlicher Temperaturen auf Geruch erleben.

Materialien: Sonne und Schatten

Besonderheiten/Zu beachten: Dem Hund an den Übergängen zwischen Sonne und Schatten genügend Zeit zum Arbeiten zu geben.

Anleitung: Der Trailverlauf beinhaltet Bereiche, in denen sich Sonne und Schatten abwechseln.

An den Hundeführer wird vor Start die Aufgabe gestellt, besonders bewusst auf die Sonnen-Schatten-Kanten während des Trailverlaufs zu achten. Wie ändert sich hier die Körpersprache des Hundes? Durch die Temperaturunterschiede zwischen Sonnen- und Schattenbereichen scheint es oftmals zu einem unterschiedlichen Geruchsbild des Individualgeruchs der Versteckperson zu kommen.

Variationen: Wechselt der Trail von Indoor zu Outdoor oder umgekehrt, dann beobachtet man häufig den gleichen Effekt.

! ***Tipp:*** Mit einem Infrarot-Thermometer kann man die Unterschiede der Bodetemperatur zwischen Sonnen- und Schattenbereich gut aufzeigen.

Im Sonnenbereich – gerade, wenn es sehr heiß ist – ist oft „weniger“ Geruch da und somit keine so eindeutige Körpersprache.

Die Sonnen-Schatten-Kante kann eine Herausforderung sein.

Im Schattenbereich ist meist mehr Geruch und somit eine deutlichere Körpersprache des Hundes zu sehen.

73. Altersmix

Ziel: Frischen Geruch von einem alten Geruchspool unterscheiden lernen.

Materialien: Keine

Besonderheiten / Zu beachten: Im Bereich des alten Pools besonders aufmerksam sein, dass der Hund diesen nicht als Endpool interpretiert.

Anleitung: Es wird mit der Versteckperson eine frische Spur gelegt. Diese führt dann an einer Stelle durch einen größeren älteren Geruchspool, aus diesem wieder heraus und anschließend noch mindestens ein bis zwei weitere Entscheidungen weiter.

Schwierigkeitsgrad:
● ● ○

Vorbereitungen:
Man benötigt einen alten Geruchspool – zum Beispiel vom letzten Training

Umgebung:
Gleiche Umgebung wie beim letzten Training wählen.

Zeitaufwand:
Gering

Das Trailteam wird im Startbereich angesetzt. Nun gilt es genau zu beobachten, inwiefern der alte Geruchspool interessant ist oder nicht. Hunde, die bis dahin noch keinen Unterwegspool kennen, werden es schwerer haben als erfahrene Trailer.

Dort, wo sich die Trails treffen, ist es besonders spannend, die Körpersprache des Hundes zu beobachten.

Variationen: Zusätzlich zum alten Geruchspool kann die Versteckperson noch einen frischen Unterwegspool einbauen, damit man sich die körpersprachlichen Unterschiede beim Hund anschauen kann. Ebenso kann man schauen, inwieweit es einen Unterschied macht, an welcher Stelle der alte Geruchspool ist – also eher zu Beginn des Trails, in der Mitte oder kurz vor der Versteckperson.

74. Teekesselchen

Schwierigkeitsgrad:
● ◐ ○

Vorbereitungen:
Einen Trail von Bank zu Bank planen

Umgebung:
Innerorts, Geldinstitut und Sitzbank müssen vorhanden sein

Zeitaufwand:
Mittel

Ziel: Ungewöhnliche Trailverläufe üben.

Materialien: Bank (zum Sitzen), Bank (Geldinstitut)

Besonderheiten/Zu beachten: Jemand „bewacht" den Individualgeruch an der Bank bis zum Start des Teams, damit nicht aus Versehen Fremdgeruch darübergelegt wird

Anleitung: Die Versteckperson sitzt auf einer Bank und hinterlässt dort zusätzlich mit den Händen ihren Individualgeruch am Rand. Anschließend wird ein Trail gelegt, dessen Ziel sich an einer Bank (Geldinstitut) befindet. Dort kann man entweder ein Versteck vor der Bank oder ein versperrtes Versteck im Vorraum der Bank wählen.

Das Trailteam wird an der Bank mit der Abnahme des Individualgeruches gestartet, läuft den Trailverlauf und endet dann am zweiten Teil des Teekesselchens.

Variationen: Von Bart (Schlüssel) zu Bart (Mann) oder von Straßenampel zu Blumenampel. Die Gruppe muss weitere außergewöhnliche Teekesselchen finden, aus denen vielleicht sogar der nächste Trail entsteht.

! ***Tipp:*** Man kann den Geruchsartikel vom Trailteam durch die Versteckperson wie beim Spiel Teekesselchen erraten lassen: „Mein Geruchsartikel ist braun. Ist zum Ausruhen. Steht auf einem grünen Untergrund. Hat eine Rückenlehne."

Die Versteckperson hinterlässt auf dem ersten Teekesselchen Sitz-Bank ihren Geruch.

Der Hund riecht an der Stelle an, die ihm sein Hundeführer zeigt.

Der Hund verfolgt die Spur Richtung Versteckperson.

Der Hund findet die Versteckperson vor dem zweiten Teekesselchen, der Geld-Bank.

75. Night Trail

Schwierigkeitsgrad:
● ● ○

Vorbereitungen:
Keine

Umgebung:
Ortsunabhängig,
abends / im Dunklen

Zeitaufwand:
Gering

Ziel: Ein besseres Gefühl für die Leinenspannung entwickeln.

Materialien: Keine

Besonderheiten / Zu beachten: Das Trailgebiet sollte nicht zu unwegsam sein, wenn das Team noch nicht so häufig im Dunklen getrailt hat.

Anleitung: Es wird ein Trail sowohl mit gerade verlaufenden Passagen als auch Abbiegungen gelegt.

Das Trailteam startet. Bei diesem Trail soll ganz besonders auf die Leinenspannung geachtet werden. Wie verhält sich die Spannung beim Geradeauslaufen? Und wie im Gegensatz dazu, wenn der Hund nach rechts oder links abbiegen möchte? Wird die Leine durch den Hund lockerer, ist er in der Regel entweder abgelenkt oder es steht eine Entscheidung mit einem Richtungswechsel bevor – oder der Hund hat den Geruch verloren.

Variationen: Der Hundeführer kann auch den Tag zur Nacht machen, indem er die Augen schließt und sich währenddessen von einer weiteren Person an der Schulter führen lässt. Denn auch so kann man sich intensiver auf die Leine und die Leinenspannung konzentrieren.

Nachts zu trailen bietet ganz andere Herausforderungen als tagsüber.

Anhang

Schlusswort

An dieser Stelle möchte ich mich herzlich bei allen Trailteams bedanken, die ich für dieses Buch fotografieren durfte.

A propos Bilder: Neue Bilder von meinen Trainings und Coachings kannst du in den Sozialen Medien bei Instagram (Mantrailerin_Personenspuerhund) und Facebook (Mantrailerin) sehen. Da sind immer mal wieder auch neue Ideen fürs Training zu finden. Ich freue mich, wenn ihr ein Follow dalasst.

„Was wäre das Leben, hätten wir nicht den Mut, etwas zu riskieren?“

Vincent van Gogh

Mir hat es beim Trailen oft weitergeholfen, mutig zu sein und Dinge auszuprobieren.

Und denkt immer daran: Sowohl Mensch als auch Hund können einen schlechten Tag haben. Wenn das so ist, beim nächsten Mal wird es sicher wieder besser.

Last but not least: Lasst euch weiterhin von der Faszination Mantrailing verzaubern und habt viele spannende Trails.

Über die Autorin

Harmke Horst studierte Kommunkationswissenschaften und ist hauptberuflich in Presse und Öffentlichkeitsarbeit sowie als Texterin in einer Werbeagentur tätig. Seit vielen Jahren ist sie Ausbilderin von Mantrailing-Teams und selbst Einsatz-Trailerin mit ihren beiden geprüften Personenspürhunden Tick und Esra, mit denen sie schon um die 250 Einsätze absolviert hat. Aktuell läuft sie Einsätze für die hessische Polizei und ist als Coach und Referentin im In- und Ausland sowie online sehr gefragt. In ihrem Podcast „Finden statt Suchen" teilt sie ihre Leidenschaft und ihr Wissen rund ums Mantrailing mit einem breiten Publikum. Mehrere erfolgreiche Bücher von ihr zum Trailen und zur Hundeerziehung allgemein sind bereits im Cadmos Verlag erschienen.

Eigene Trails und Notizen

Eigene Trails und Notizen

Das könnte Sie auch interessieren:

Die US-Originalmethode

Jeff Schettler

K.9 Trailing

Professionelle Personensuche mit dem Hund

Trailing oder „Mantrailing“, die Personensuche mit Hund, gehört in Europa zu den neueren Unterdisziplinen der Polizei- und Rettungshundearbeit. Jeff Schettler, langjähriger Diensthundeführer der kalifornischen Polizei und Mitglied einer FBI-Spezialeinheit, berichtet in diesem praktischen Buch aus seinem reichen Erfahrungsschatz und gibt wertvolle Tipps. Auswahl und Ausbildung eines Hundes, geeignete Ausrüstung, das Verhalten von Geruch unter verschiedenen Umweltbedingungen, Trails in städtischem Gebiet, Car Trails, Training unter Ablenkungen und vieles mehr werden ausführlich besprochen.

Eine Fundgrube für alle, die sich ernsthaft mit dem Thema Trailing auseinandersetzen möchten.

Flexicover, 240 Seiten, farbig
ISBN: 978-3-95464-018-8

Cat Warren

Der Geruch des Todes

Einsätze eines Leichenspürhundes

Für die Polizei ist es ein Vermissten- oder Kriminalfall. Für die Angehörigen ist es eine Tragödie. Für den Hundeführer ist es harte Konzentrationsarbeit. Für den Leichenspürhund ist es ein spannendes Spiel.

Cat Warren, Professorin für Journalistik und Literaturwissenschaft, sucht zunächst eigentlich nur nach Möglichkeiten, ihren nicht ganz einfachen Deutschen Schäferhund Solo vernünftig auszulasten. Dabei stößt sie auf die Sucharbeit nach Toten und taucht ein in die faszinierende Welt der Wissenschaft rund um den Geruch, Geruchszersetzung, Forensik und die Leistung der Hundenase.

Die unbekümmerte und zielstrebige Begeisterung, mit der ihr Hund sich auf die Suche nach dem Geruch des Todes macht, lässt sie auch ganz neue Perspektiven auf das Leben und seine Vergänglichkeit erleben.

Folgen Sie den beiden auf ihre Wege und Irrwege und erfahren Sie viel Spannendes über die Geruchsleistung von Hunden, aber auch über die Zusammenarbeit und das Zusammenwachsen von Hund und Mensch in einer Parallelwelt, die wir nur zu gerne aus unserem Alltag ausblenden.

Hardcover, 344 Seiten
ISBN: 978-3-95464-149-9

Ralf Blechschmidt

Mantrailing in der Polizeiarbeit

Bücher über das Mantrailing gibt es inzwischen einige, aber bisher noch keines, in dem ein Insider die spezielle Thematik der polizeilichen und kriminalpolizeilichen Einsätze beleuchtet. Denn im Dienstalltag spielt der Hinweis, ob eine bestimmte Person an einem bestimmten Ort war oder nicht, eine mindestens ebenso große Rolle wie die Suche nach vermissten Personen und macht neue Herangehensweisen und Einsatztaktiken notwendig. Verschiedene Theorien und Ansichten werden dabei kritisch beleuchtet, hinterfragt und mit der Erfahrung aus Hunderten Einsätzen abgeglichen, wobei immer wieder deutlich wird, dass viele vermeintliche Mantrailer in Wahrheit eigentlich Fährtenhunde sind, sprich eine andere Suchart haben, als der Hundeführer denkt – mit entsprechenden Auswirkungen in der Praxis. Wie man diese und andere häufige Fallen umgeht, das Verhalten von Geruch in der Umgebung besser verstehen lernt und worauf es in der Ausbildung wirklich ankommt (und worauf nicht), beschreibt der Autor praxisnah und humorvoll in diesem Buch. Enthält Interviews und Beiträge mit mehreren angesehenen Personen aus Polizei und Mantrailingszene.

Hardcover, 304 Seiten
ISBN: 978-3-95464-308-0

Ute & Gerrit Dieckman

Der Personenspürhund im Einsatz

Die Personensuche mit Hund, auch als „Mantrailing“ bekannt, ist eine anspruchsvolle Aufgabe: Von Erfolg oder Misserfolg können im Ernstfall Menschenleben abhängen.

Wenn die eigene Grundausbildung und die des Hundes geschafft ist, man über den reinen Hundesport hinaus und in echte Einsätze gehen möchte, gibt es vieles zu beachten, das in der vorhandenen Literatur zum Mantrailen nur am Rande berücksichtigt wird: da treffen Wunschvorstellungen vom „edlen Retter“ auf die herbe Realität, die Selbstorganisation wird zu einem wichtigen Kriterium, die Ausrüstung wird auf eine harte Probe gestellt und es bieten sich Geruchsbilder und Suchsituationen, denen man im Training so noch nie zuvor begegnet ist.

Mit zahlreichen Bild- und Textbeispielen verschiedener Suchsituationen.

Hardcover, 272 Seiten, farbig
ISBN: 978-3-95464-223-6